Quanguo Sheshi Shucai
Zhutui Pengxing Jiegou yu Gongyi Jishu Tuce

全国设施蔬菜
主推棚型结构与工艺技术图册

Recommended Greenhouse Structures and Technologies:
An Illustrated Compendium for Protected Vegetable
Cultivation in China

农业农村部种植业管理司　编制

中国农业出版社
北　京

图书在版编目（CIP）数据

全国设施蔬菜主推棚型结构与工艺技术图册 / 农业
农村部种植业管理司编制. -- 北京 ： 中国农业出版社，
2024. 11. -- ISBN 978-7-109-32580-7

Ⅰ．S626-64

中国国家版本馆CIP数据核字第2024EZ8418号

中国农业出版社出版

地址：北京市朝阳区麦子店街18号楼

邮编：100125

责任编辑：孟令洋　郭晨茜

版式设计：王　晨　责任校对：张雯婷　责任印制：王　宏

印刷：北京中科印刷有限公司

版次：2024年11月第1版

印次：2024年11月北京第1次印刷

发行：新华书店北京发行所

开本：700mm×1000mm　1/16

印张：11.75

字数：300千字

定价：80.00元

编写委员会

主　编　潘文博

副主编　刘莉华　李增裕　魏晓明

编　委　（按姓氏笔画排序）

万克江　万修福　王少杰　王占行　龙　熹

史慧锋　刘　蕊　刘兴安　刘霓红　闫晶晶

孙周平　孙国涛　李建明　李衍素　别之龙

冷　杨　宋卫堂　张　丽　张存瑞　陈日远

陈永生　陈振东　郑宇豪　赵世龙　胡娟秀

施　磊　高立洪　曹　楠　蒋卫杰　蒋学勤

韩圆圆　曾晓萍　雷喜红　鲍恩财　魏　珉

发展设施蔬菜产业，可以有效提高资源利用效率和单产水平，是破解耕地资源约束、保障蔬菜有效供给、构建多元化食物供给体系的重要举措。2023年农业农村部、国家发展改革委、财政部、自然资源部联合发布《全国现代设施农业建设规划（2023—2030年)》（以下简称《规划》），将"建设以节能宜机为主的现代设施种植业"作为重点任务，聚焦设施蔬菜部署了现代设施农业提升工程、戈壁盐碱地现代设施种植建设工程、现代设施集约化育苗（秧）建设工程等系列重大工程。为推进《规划》任务落实，指导各地科学推进老旧设施改造和标准化设施建设，农业农村部种植业管理司组织编制了《全国设施蔬菜主推棚型结构与工艺技术图册》（以下简称《图册》）。

《图册》立足不同产区气候特征、资源禀赋和种植传统，以设施蔬菜生产中占主导的日光温室和塑料大棚为重点，分区域确定新建设施的主推棚型结构类型及设备配置，编制了包含33套主推棚型结构标准图图集，提出老旧设施改造提升路径和工艺做法，总结了北京、江苏、湖北、甘肃等省份部分基地开展改造提升的典型做法，希望对各地推进设施蔬菜建设发挥借鉴参考作用。

《图册》编制过程中，中国工程院李天来院士、赵春江院士、邹学校院士、喻景权院士，中国农业科学院蔬菜花卉研究所张友军所长，农业农村部蔬菜专家指导组、国家大宗蔬菜产业技术体系、国家特色蔬菜产业技术体系等各方面专家给予大力支持，贡献了许多建设性思路意见。各级种植业管理部门、农业技术推广单位和有关企业也积极建言献策，为完善和充实相关技术参数、工艺做法发挥了重要作用。编写专家及团队成员深入实地调研，广泛听取意见建议，反复研讨论证，付出了辛勤劳动。在此一并诚致谢意。

《图册》不足之处，敬请广大读者、设施蔬菜领域相关单位专家和生产经营者批评指正。

2024 年 4 月

目录

Contents

全国设施蔬菜
主推棚型结构与工艺技术图册
Quanguo Sheshi Shucai
Zhutui Pengxing Jiegou yu Gongyi Jishu Tuce

一

编制原则
及说明

（一）编制原则

根据产业发展实际，分区域确定新建蔬菜设施的主推棚型结构类型及设备配置，提出老旧设施改造提升路径和工艺做法，为各地科学推进老旧设施改造和标准化设施建设提供技术指引。图册编制遵循以下原则：

一是服务产业需求，突出实用性。充分考虑不同蔬菜产区的自然条件、种植制度和产业基础，着眼于服务产业实际需求，研究提出具有较强针对性、经生产实践验证的技术方案，能够充分匹配当地农业生产和社会条件，具有区域普适性和推广价值。未经过实践充分验证的棚型结构暂未列入本图册。

二是技术适度领先，突出引领性。图册充分吸纳现代设施农业科技发展先进技术成果，引入了装配式柔性墙体保温、主动蓄放热、智能水肥首部等新材料、新结构、新装备，保障图册技术方案适度领先。

三是把握关键节点，确保安全性。为确保图册技术方案结构安全、性能优良，区分不同区域，对温室跨度、脊高等主体结构参数，骨架材料规格、镀锌防腐及安装方式等结构用材要求，设施内农机作业空间尺寸等，明确了基本底线规定，确保生产安全。

四是强化标准协同，确保规范性。严格参照施工图纸绘制的相关标准，规范图纸说明、平面图和剖面图等，确保图册规范易懂，为指导设施农业生产建设、引导产业健康发展提供重要技术依据。

（二）编制说明

图册以"结构宜机化、建造装配化、作业省力化、管控智能化、运营高效化"为建设要求，结合气候特征和种植传统，分东北、黄淮海、西北、长江中下游、华南、西南6个地区，果菜类蔬菜、叶菜类蔬菜、种苗繁育3大生产品类，提出我国新建蔬菜设施的推荐棚型结构和"菜单式"配套技术装备清单，形成包含33套标准图图集。

图集号按照"适用区域-适宜品类-顺序号"进行编制。适用区域包括：东北、黄淮海、西北、长江中下游、华南、西南；适宜品类包括：果菜类蔬菜、叶菜类蔬菜、种苗繁育。例如：HHH-GC-001，代表黄淮海地区果菜001型温室大棚。针对单栋塑料大棚、大跨度外保温塑料大棚和圆拱形塑料大棚等多个区域通用结构形式，纳入通用型图集，图集号按照"通用-设施类型-顺序号"进行编制。例如：TY-BWDP-001，代表通用型外保温塑料大棚001型。

　　每套标准图包含设计说明、温室平面图和典型剖面图3部分。其中，设计说明包括：①基本特点，即该类型设施适宜的使用条件；②温室方案，即该类型设施的结构形式、骨架用材厚度、围护结构做法、施工注意事项等；③装备方案，即该类型温室适配的集热与加温系统、保温措施、通风系统、环境智能化监测等配套装备。温室平面图给定温室平面布置方式和基本尺寸、农机出入口设置和室内机械化作业通道等信息。典型剖面图给定温室跨度、脊高、前屋面角等尺寸信息。由于各地风雪荷载差异较大，图册并未给出温室骨架详细截面尺寸，需要根据当地荷载情况进行强度计算，确定骨架截面等结构安全性参数。

　　此外，本图册暂不包括连栋玻璃温室、植物工厂等高端生产设施，以及中小拱棚与简易遮阳避雨栽培设施。

全国设施蔬菜
主推棚型结构与工艺技术图册
Quanguo Sheshi Shucai
Zhutui Pengxing Jiegou yu Gongyi Jishu Tuce

二
东北地区主推棚型
结构及工艺装备

（一）区域地理位置与气候特点

本区域地处北纬40°～48°，包括辽宁、吉林、黑龙江中南部和内蒙古东部。可分为3个亚区：东北温带亚区（北纬40°～44°），包括辽宁大部、吉林东南部和内蒙古东南部等地区；东北冷温带亚区（北纬44°～46°），包括内蒙古东中部、吉林西北部和黑龙江南部等地区；东北寒温带亚区（北纬46°～48°），包括内蒙古东北部和黑龙江中部等地区。

本区域无霜期120～155d。光资源充足，年日照时数2 500～3 000h，年日照百分率56%～70%。热资源丰富，年太阳总辐射4 800～5 800MJ/m²，年平均气温1～8℃，1月平均气温−20～−10℃，极端最低气温−41℃，极端最高气温42℃。年降水量350～800mm，4～9月占80%。属次大风压区（最大风速20～23m/s）和大雪压区（最大积雪深度0.1～0.5m）。主要气象灾害为干旱、风害、雪害、低温冷害等。

（二）主推棚型结构及工艺装备

本区域适宜发展高光效宜机化节能日光温室，兼顾发展保温式单栋塑料大棚。在设施建造和选型方面应注重冬季采光、蓄热、增温和保温防寒。

日光温室跨度宜为9～12m，辽南地区叶菜或草莓日光温室跨度可放宽至14m。跨度不超过12m时，宜采用无立柱型式；跨度12m以上可以设置1～2排立柱，立柱的位置不应妨碍机械化作业。在北纬40°～42°、室外最低气温不低于−25℃的地区，配套水源蓄放热系统的装配式保温墙体日光温室可用于果菜类蔬菜周年生产；南北双连栋复合保温式砖墙日光温室南侧可用于果菜类蔬菜周年生产、北侧可用于叶菜类蔬菜生产；不带主动蓄放热系统的装配式保温墙体日光温室可用于叶菜类蔬菜或草莓周年生产；复合保温式砖墙日光温室可用于育苗生产。在北纬42°～44°、室外最低气温不低于−30℃的地区，南北双连栋复合保温式砖墙日光温室南侧可用于果菜类蔬菜周年生产，北侧可用于叶菜类蔬菜生产。在北纬44°～46°、室外最低气温不低于−35℃的地区，配套水源蓄放热系统的双骨架双保温被装配式保温墙体日光温室可用于果菜类蔬菜周年生产。东北地区不同地理纬度区域日光温室适宜结构参数见表2-1，主推棚型见DB系列图集。

表2-1　东北地区日光温室主体结构参数

地理纬度	跨度 （m）	脊高 （m）	后墙高 （m）	后屋面水平投影宽度 （m）	前屋面角 （°）
N44°～46°	8	5.2～5.5	3.0～3.2	2.0～2.3	40.9～44.0
	9	5.8～6.1	3.2～3.5	2.3～2.6	40.9～43.6
N42°～44°	8	5.0～5.2	2.8～3.2	1.7～2.0	38.4～40.9
	9	5.5～5.8	3.1～3.5	2.0～2.3	38.2～40.9
	10	6.1～6.4	3.4～4.0	2.3～2.6	38.4～40.9
N40°～42°	8	4.8～5.0	2.6～3.3	1.5～1.7	36.4～38.4
	9	5.3～5.5	2.9～3.5	1.8～2.0	36.4～38.2
	10	5.6～6.0	3.3～4.0	2.0～2.3	36.8～38.7
	12	6.5～6.9	3.8～4.5	2.3～2.5	36.8～38.7
	14	6.9～7.4	4.8～5.0	2.1～2.4	30.5～32.5

单栋塑料大棚跨度宜在8～12m，脊高宜在3.5～5.0m，肩高不宜低于1.8m。可用于叶菜类蔬菜的春提前、秋延后生产，或果菜类蔬菜的春提前、秋延后及越夏生产。可根据生产需要配置轻质内保温幕布系统或多层棚膜覆盖，延长生产周期。主推棚型详见通用型图集。

DB-GC-001　10m跨装配式保温墙体日光温室

1　基本特点

1.1　适用区域

该类型温室适用于北纬40°～42°、室外最低温度不低于−25℃的地区，主要用于果菜类蔬菜栽培。

1.2　主体参数

温室跨度10.0m，脊高5.6～6.0m，前屋面角36.8°～38.7°，后屋面角61°～71°，后墙高3.3～4.0m，距离前底脚0.5m处的室内净高宜为1.5～1.8m。

1.3　生产性能

冬季室外最低温度不低于−25℃时，利用主动式水循环蓄放热系统，室内温度一般不低于8℃，可满足果菜类蔬菜正常生长。

2 温室方案

2.1 结构形式

温室主体骨架可采用上下弦桁架结构，也可采用单拱椭圆管结构。采用桁架结构时，上弦宜采用热镀锌圆管，规格不宜低于ϕ25mm、壁厚不小于2.0mm；下弦可采用ϕ20mm热镀锌圆管、壁厚不小于1.5mm，或者ϕ10～12mm热镀锌圆钢；腹杆可采用ϕ8～10mm热镀锌圆钢。采用椭圆管结构时，选用热镀锌材质，壁厚不小于2.0mm。屋面纵向系杆通常采用热镀锌圆管，规格不低于ϕ20mm×1.5mm，布置间距不宜大于2.0m。骨架镀锌层不应低于200g/m^2。主体结构应按照《农业温室结构荷载规范》（GB/T 51183）进行荷载取值，并根据《农业温室结构设计标准》（GB/T 51424）进行结构计算，设计使用年限不低于10年。

2.2 墙体做法

温室北墙和东西山墙可采用100mm厚聚氨酯彩钢复合板等硬质保温材料，也可采用单层或多层柔性保温材料，热阻不宜小于3.0 m^2·K/W。墙体保温材料正常使用寿命不应低于10年。

2.3 基础做法

根据土质、地下水位情况和当地冻土层深度确定基础埋深，一般在1.0～1.5m。可采用素土夯实基底、毛石砌筑，上方浇筑高250mm钢筋混凝土圈梁至正负零，东西向宜根据温室长度设置沉降缝；也可采用螺旋桩基础或现浇钢筋混凝土柱独立基础，基础顶端利用通长角铁连接。基础外侧四周采用100mm厚挤塑聚苯乙烯泡沫板（密度不宜小于20kg/m^3）或其他保温材料作为防寒保温层，埋深0.6～0.8m。

2.4 施工要点

采用桁架结构时，主体骨架、纵向系杆、斜撑杆等构件之间可采用焊接，焊接点须进行有效防锈处理。采用椭圆管结构时，主体骨架、纵向系杆、斜撑杆等构件之间宜采用专用热镀锌连接件装配固定。骨架与基础预埋件/角铁之间可采用焊接，焊接点须进行有效防锈处理。墙体围护保温材料应与主体结构牢固连接，接缝处应做好密封。

3 装备方案

3.1 外保温系统

根据温室长度，一般选择中置自走式卷被方式，宜配置行程（限位）开关实现卷被电机自锁。保温被宜选用面料抗老化、不吸水材料，厚度不宜小于5cm，热阻不宜低于1.5 m^2·K/W。

3.2 卷膜通风系统

宜在温室前屋面屋脊下方及前底角各设置一道通风口，宽度宜为1.0～1.5m。上风口上沿与屋脊的距离宜为1.0m，下风口下沿距离室内地面的高度宜为0.5～0.6m。上下风口均安装防虫网。宜在上段膜及上风口下安装防兜水热镀锌钢丝网。上风口宜采用电动卷膜器，下风口宜采用手自一体化卷膜器。可结合智能放风控制系统，实现根据室内温度自动放风。

3.3 北墙水循环蓄放热系统

根据生产需求，在北墙内侧安装主动式水循环蓄放热系统。系统应由专业厂家设计和制造。

3.4 施肥灌溉系统

根据栽培方式和种植面积，合理选择比例施肥器、单通道施肥机或多通道施肥机等水肥一体化设备，灌溉方式可选择地面滴灌等。

3.5 环境智能监测系统

结合管理需求，温室内可安装空气温度、空气相对湿度、光照等多因子环境信息智慧感知设备。

3.6 物流运输装备

根据生产和管理需要，可配置电动轻简化运输车或多功能作业平台车。

10m跨装配式保温墙体日光温室

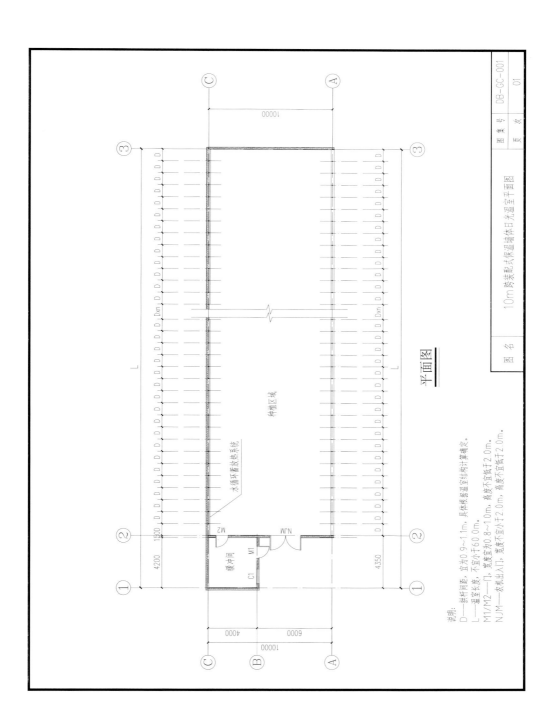

平面图

说明：
D——拉杆间距，宜为0.9~1.1m，具体根据棚架温室结构计算确定。
L——温室跨度，不宜小于60.0m。
M1/M2——门，宽度宜为0.8~1.0m，高度不宜低于2.0m。
NJM——农机出入门，宽度不宜小于2.0m，高度不宜低于2.0m。

10m跨装配式保温插倒休日光温室平面图

图名

图集号 DB-GC-001

页次 01

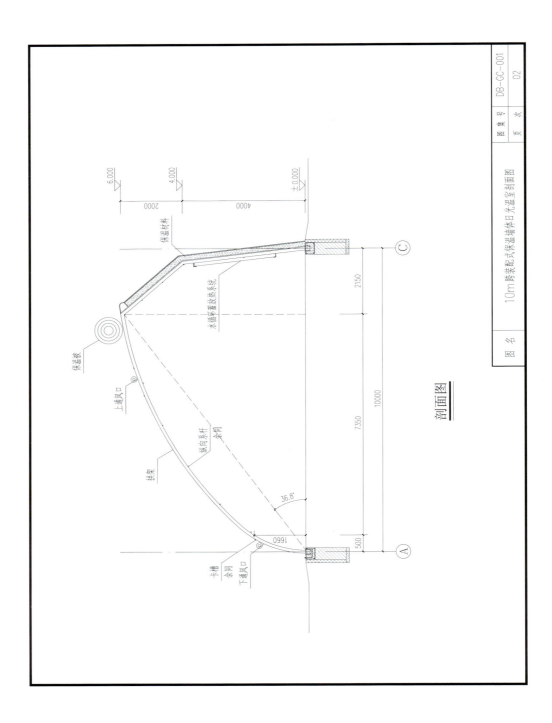

剖面图

| 图 名 | 10m 跨装配式保温墙体日光温室剖面图 | 图 集 号 | DB-GC-001 |
| | | 页 次 | 02 |

DB-GC-002　10m跨南北双连栋复合保温式砖墙日光温室 I

1　基本特点

1.1　适用区域

该类型温室适用于北纬40°～42°、室外最低温度不低于−25℃的地区，南侧主要用于果菜类蔬菜周年栽培，北侧主要用于蔬菜春提前和秋延后栽培。

1.2　主体参数

南侧温室跨度10.0m，脊高5.6～6.0m，前屋面角36.8°～38.7°，后屋面角61°～71°，后墙高3.3～4.0m，北侧温室跨度7.0m，脊高与南侧温室后墙高一致。距离两侧屋面底脚0.5m处的室内净高宜为1.5～1.8m。

1.3　生产性能

冬季室外最低温度不低于−25℃时，南侧棚内温度一般不低于8℃，可满足果菜类蔬菜正常生长；北侧棚顶可不覆盖保温被作为塑料大棚使用，也可覆盖保温被用于增加春提前和秋延后的天数。

2　温室方案

2.1　结构形式

温室主体骨架可采用上下弦桁架结构，也可采用单拱椭圆管结构。采用桁架结构时，上弦宜采用热镀锌圆管，规格不宜低于ϕ25mm、壁厚不小于2.0mm；下弦可采用ϕ20mm热镀锌圆管、壁厚不小于1.5mm，或者ϕ10～12mm热镀锌圆钢；腹杆可采用ϕ8～10mm热镀锌圆钢。采用椭圆管结构时，选用热镀锌材质，壁厚不小于2.0mm。屋面纵向系杆通常采用热镀锌圆管，规格不低于ϕ20mm×1.5mm，布置间距不宜大于2.0m。骨架镀锌层不应低于200g/m²。主体结构应按照《农业温室结构荷载规范》（GB/T 51183）进行荷载取值，并根据《农业温室结构设计标准》（GB/T 51424）进行结构计算，设计使用年限不低于10年。

2.2　墙体做法

温室中间墙体和东西山墙均采用混凝土实心砖等砌块砌筑，厚度不宜小于370mm，可在墙体外侧北面贴合100mm厚硬质保温板。墙体正常使用寿命不应低于10年。

2.3　基础做法

根据土质、地下水位情况和当地冻土层深度确定基础埋深，一般在1.0～1.5m。可采用素土夯实基底、毛石砌筑，上方浇筑高250mm钢筋混凝土圈梁至正负零，东西向宜根据温室长度设置沉降缝。基础外侧四周采用100mm厚挤塑聚苯乙烯泡沫板（密度不宜小于20kg/m³）或其他保温材料作为土壤防寒保温层，埋深0.6 ~ 0.8m。

2.4 施工要点

采用桁架结构时，主体骨架、纵向系杆、斜撑杆等构件之间可采用焊接，焊接点须进行有效防锈处理。采用椭圆管结构时，主体骨架、纵向系杆、斜撑杆等构件之间宜采用专用热镀锌连接件装配固定。骨架与预埋件之间可采用焊接，焊接点须进行有效防锈处理。后屋面应采用隔热保温材料，并做好密封，防止漏水漏风。

3 装备方案

3.1 外保温系统

根据温室长度，一般选择中置自走式卷被方式，宜配置行程（限位）开关实现卷被电机自锁。保温被宜选用面料抗老化、不吸水材料，厚度不宜小于5cm，热阻不宜低于1.5 m² · K/W。

3.2 卷膜通风系统

宜在温室前屋面屋脊下方及前底角各设置一道通风口，宽度宜为1.0 ~ 1.5m。上风口上沿与屋脊的距离宜为1.0m，下风口下沿距离室内地面的高度宜为0.5 ~ 0.6m，上下风口均安装防虫网。宜在上段膜及上风口下安装防兜水热镀锌钢丝网。上风口宜采用电动卷膜器，下风口宜采用手自一体化卷膜器。可结合智能放风控制系统，实现依据室内温度自动放风。

3.3 施肥灌溉系统

根据栽培方式和种植面积，合理选择比例施肥器、单通道施肥机或多通道施肥机等水肥一体化设备，灌溉方式可选择地面滴灌等。

3.4 环境智能监测系统

结合管理需求，温室内可安装空气温度、空气相对湿度、光照等多因子环境信息智慧感知设备。

3.5 物流运输装备

根据生产和管理需要，可配置电动轻简化运输车或多功能作业平台车。

10m跨南北双连栋复合保温式砖墙日光温室Ⅰ

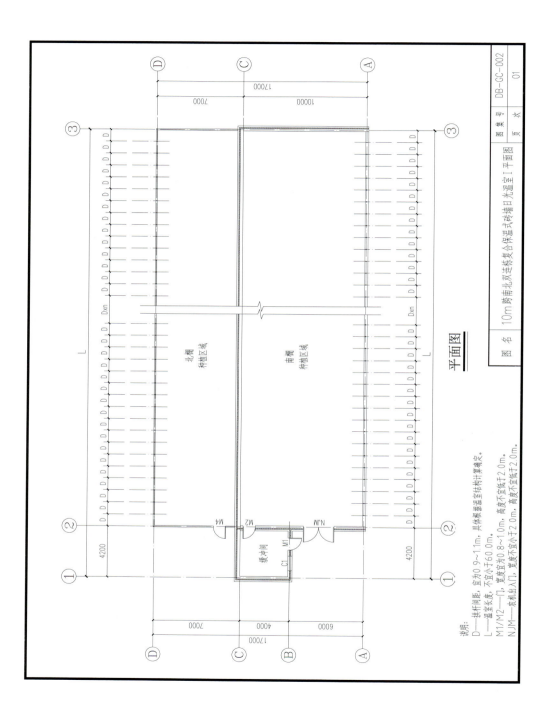

平面图

说明：
D——拱杆间距，宜为0.9～1.1m，具体根据温室结构计算确定。
L——温室长度，不宜小于60.0m。
M1/M2——门，宽度宜为0.8～1.0m，高度不宜低于2.0m。
NJM——农机出入口，宽度不宜小于2.0m，高度不宜低于2.0m。

图名 10m跨南北双连栋复合保温复式砖墙日光温室I平面图图
图集号 DB-GC-002
页次 01

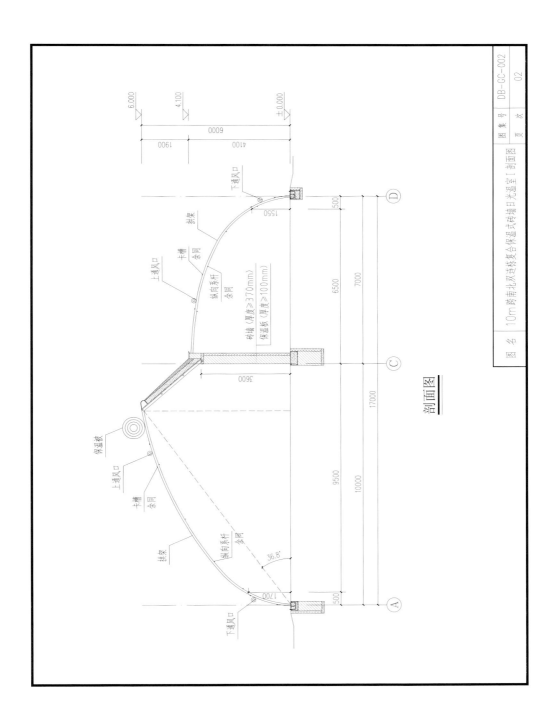

剖面图

DB-GC-003　10m跨南北双连栋复合保温式砖墙日光温室 II

1　基本特点

1.1　适用区域

该类型温室适用于北纬42°～44°、室外最低温度不低于−30℃地区，南侧主要用于果菜类蔬菜周年栽培，北侧主要用于蔬菜春提前、秋延后栽培。

1.2　主体参数

南侧温室跨度10.0m，脊高6.1～6.4m，前屋面角38.4°～40.9°，后屋面角61°～71°，后墙高3.4～4.0m，北侧温室跨度7.0m，脊高与南侧温室后墙高一致。距离两侧屋面底脚0.5m处的室内净高宜为1.5～1.8m。

1.3　生产性能

冬季室外最低温度不低于−30℃时，南侧棚内温度一般不低于6℃，可满足果菜类蔬菜正常生长。北侧棚顶可不覆盖保温被作为塑料大棚使用，也可覆盖保温被用于增加春提前和秋延后的天数。

2　温室方案

2.1　结构形式

温室主体骨架可采用上下弦桁架结构，也可采用单拱椭圆管结构。采用桁架结构时，上弦宜采用热镀锌圆管，规格不宜低于ϕ25mm、壁厚不小于2.0mm；下弦可采用ϕ20mm热镀锌圆管、壁厚不小于1.5mm，或者ϕ10～12mm热镀锌圆钢；腹杆可采用ϕ8～10mm热镀锌圆钢。采用椭圆管结构时，选用热镀锌材质，壁厚不小于2.0mm。屋面纵向系杆通常采用热镀锌圆管，规格不低于ϕ20mm×1.5mm，布置间距不宜大于2.0m。骨架镀锌层不应低于200g/m^2。主体结构应按照《农业温室结构荷载规范》（GB/T 51183）进行荷载取值，并根据《农业温室结构设计标准》（GB/T 51424）进行结构计算，设计使用年限不低于10年。

2.2　墙体做法

温室中间墙体和东西山墙均采用混凝土实心砖等砌块砌筑，厚度不宜小于370mm，可在墙体外侧贴合100mm厚硬质保温板。墙体正常使用寿命不应低于10年。

2.3　基础做法

根据土质、地下水位情况和当地冻土层深度确定基础埋深，一般在1.0～1.5m。可采用素土夯实基底、毛石砌筑，上方浇筑高250mm钢筋混凝土圈梁至正负零，东西向宜根据温室长度设置沉降缝。基础外侧四周采用100mm厚挤塑聚苯乙烯泡沫板（密度不宜小于20kg/m³）或其他保温材料作为防寒保温层，埋深0.8～1.0m。

2.4 施工要点

采用桁架结构时，主体骨架、纵向系杆、斜撑杆等构件之间可采用焊接，焊接点须进行有效防锈处理。采用椭圆管结构时，主体骨架、纵向系杆、斜撑杆等构件之间宜采用专用热镀锌连接件装配固定。骨架与预埋件之间可采用焊接，焊接点须进行有效防锈处理。后屋面应采用隔热保温材料，并做好密封，防止漏水漏风。

3 装备方案

3.1 外保温系统

根据温室长度，一般选择中置自走式卷被方式，宜配置行程（限位）开关实现卷被电机自锁。保温被宜选用面料抗老化、不吸水材料，厚度不宜小于5cm，热阻不宜低于1.5 m²·K/W。

3.2 卷膜通风系统

宜在温室前屋面屋脊下方及前底角各设置一道通风口，宽度宜为1.0～1.5m。上风口上沿与屋脊的距离宜为1.0m，下风口下沿距离室内地面的高度宜为0.5～0.6m，上下风口均应安装防虫网。宜在上段膜及上风口下安装防兜水热镀锌钢丝网。上风口宜采用电动卷膜器，下风口宜采用手自一体化卷膜器。可结合智能放风控制系统，实现依据室内温度自动放风。

3.3 施肥灌溉系统

根据栽培方式和种植面积，合理选择比例施肥器、单通道施肥机或多通道施肥机等水肥一体化设备，灌溉方式可选择地面滴灌等。

3.4 环境智能监测系统

结合管理需求，温室内可安装空气温度、空气相对湿度、光照等多因子环境信息智慧感知设备。

3.5 物流运输装备

根据生产和管理需要，可配置电动轻简化运输车或多功能作业平台车。

10m跨南北双连栋复合保温式砖墙日光温室Ⅱ

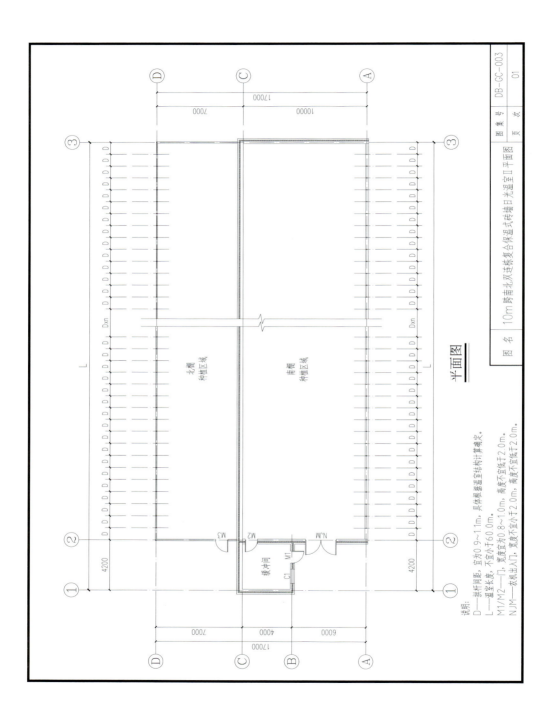

平面图

说明:
D——拱杆间距,宜为0.9~1.1m,具体根据温室结构计算确定。
L——温室长度,不宜小于60.0m。
M1/M2——门,宽度宜为0.8~1.0m,高度不宜低于2.0m。
NJM——农机出入口,宽度不宜小于2.0m,高度不宜低于2.0m。

图 名 10m跨南北双连栋复合保温式砖墙日光温室Ⅱ平面图
图集号 DB-GC-003
页 次 01

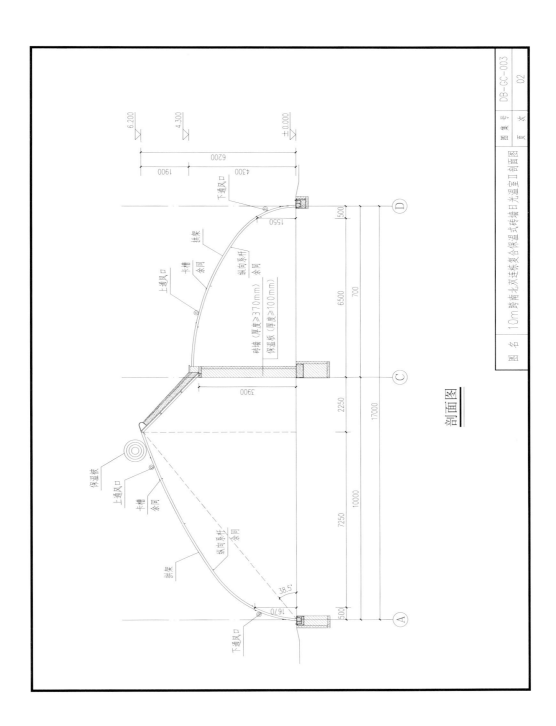

剖面图

图 名：10m跨甫北双连栋复合保温式砖墙日光温室Ⅱ剖面图

图集号：DB-GC-003

页 次：02

DB-GC-004　9.6m跨双骨架双保温被装配式保温墙体日光温室

1　基本特点

1.1　适用区域

该类型温室适用于北纬44°～46°、室外最低温度不低于−35℃地区，主要用于果菜类蔬菜栽培。

1.2　主体参数

温室外层骨架跨度9.6m、脊高5.9～6.2m，内层骨架跨度9.0m、脊高5.1～5.4m。外层骨架前屋面角宜为40.9°～43.6°，后屋面角61°～71°，后墙高3.3～3.6m，距离内层骨架前屋面底脚0.5m处的室内净高宜为1.5～1.8m。

1.3　生产性能

在室外最低温度不低于−35℃时，利用主动式水循环蓄放热系统，室内温度一般不低于8℃，可满足果菜类蔬菜正常生长。

2　温室方案

2.1　结构形式

温室南侧屋面采用双层骨架结构，后墙与后屋面采用一体化单层骨架结构。南侧外层骨架可采用上下弦桁架结构，也可采用单拱椭圆管结构。采用桁架结构时，上弦可采用热镀锌圆管，规格不低于ϕ25mm×2.0mm；下弦可采用ϕ20mm热镀锌圆管，壁厚不小于1.5mm，或者ϕ10～12mm热镀锌圆钢；腹杆可采用ϕ8～10mm热镀锌圆钢。采用椭圆管结构时，选用热镀锌材质，壁厚不小于2.0mm。南侧内层骨架宜采用热镀锌椭圆管，壁厚不宜小于2.0mm。屋面纵向系杆通常采用热镀锌圆管，规格不低于ϕ20mm×1.5mm，布置间距不宜大于2.0m。骨架镀锌层不应低于200g/m^2。主体结构应按照《农业温室结构荷载规范》（GB/T 51183）进行荷载取值，并根据《农业温室结构设计标准》（GB/T 51424）进行结构计算，设计使用年限不低于10年。

2.2　墙体做法

温室后墙连同后屋面、东西山墙可采用100mm厚聚氨酯彩钢复合板等硬质保温材料，也可采用单层或多层柔性保温材料，热阻不宜低于3.0 m^2·K/W。墙体正常使用寿命不应低于10年。

2.3　基础做法

根据土质、地下水位情况和当地冻土层深度确定基础埋深，一般在1.0～1.5m。可采用素土夯实基底、毛石砌筑，上方浇筑高250mm钢筋混凝土圈梁至正负零，东西向宜根据温室长度设置沉降缝；也可采用螺旋桩基础或现浇钢筋混凝土柱独立基础，基础顶端利用通长角铁连接。基础外侧采用120mm厚挤塑聚苯乙烯泡沫板（密度不宜小于20kg/m³）或其他保温材料作为防寒保温层，埋深1.0～1.2m。

2.4 施工要点

采用桁架结构时，主体骨架、纵向系杆、斜撑杆等构件之间可采用焊接，焊接点须进行有效防锈处理。采用椭圆管结构时，主体骨架、纵向系杆、斜撑杆等构件之间宜采用专用热镀锌连接件装配固定。骨架与基础预埋件/角铁之间可采用焊接，焊接点须进行有效防锈处理。墙体围护保温材料应与主体结构牢固连接，接缝处应做好密封。

3 装备方案

3.1 外保温系统

在外层骨架和内层骨架外侧覆盖薄膜之上各安装一套外保温系统。根据温室长度，外层外保温系统一般选择中置自走式卷被方式，内层外保温系统采用侧卷形式，两套外保温系统均宜配置行程（限位）开关实现卷被电机自锁。外层保温被宜选择面料抗老化且不吸水的保温材料，厚度不宜小于5cm，热阻不宜低于1.5 $m^2 \cdot K/W$；内层保温被宜选用轻质不吸水的保温材料，厚度不宜小于2cm，热阻不宜低于0.6 $m^2 \cdot K/W$。

3.2 卷膜通风系统

宜在温室内外双层前屋面的屋脊下方及前底角各设置一道通风口，宽度宜为1.0～1.5m。上风口上沿与屋脊的距离宜为1.0m，下风口下沿距离室内地面的高度宜为0.5～0.6m，上下风口均安装防虫网。宜在外层薄膜的上段膜及上风口下安装防兜水热镀锌钢丝网。上风口宜采用电动卷膜器，下风口宜采用手自一体化卷膜器。可结合智能放风控制系统，实现依据室内温度自动放风。

3.3 北墙水循环蓄放热系统

根据生产需求，在北墙内侧安装主动式水循环蓄放热系统。系统应由专业厂家设计和制造。

3.4 施肥灌溉系统

根据栽培方式和种植面积，合理选择比例施肥器、单通道施肥机或多通道施肥机等水肥一体化设备，灌溉方式可选择地面滴灌等。

3.5 环境智能监测系统

结合管理需求，温室内可安装空气温度、空气相对湿度、光照等多因子环境信息智慧感知设备。

3.6 物流运输装备

根据生产和管理需要，可配置电动轻简化运输车或多功能作业平台车。

9.6m跨双骨架双保温被装配式保温墙体日光温室

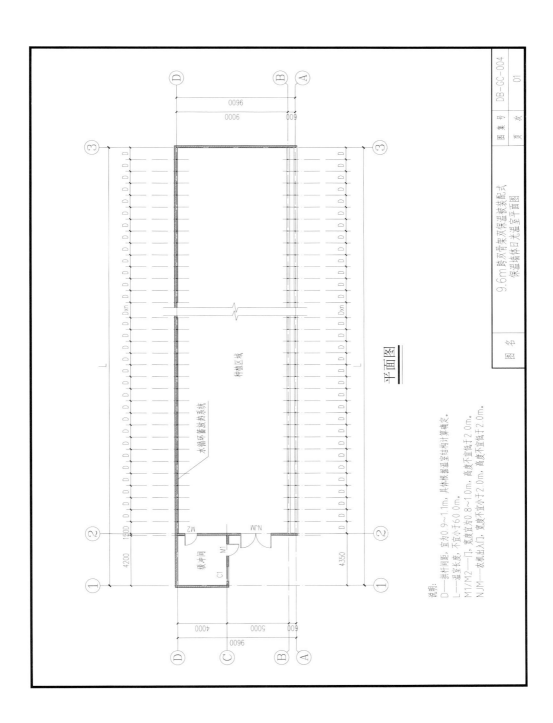

平面图

说明:
D——拱杆间距,宜为0.9～1.1m,具体根据温室结构计算确定。
L——温室长度,不宜小于60.0m。
M1/M2——门,宽度宜为0.8～1.0m,高度不宜低于2.0m。
NJM——农机出入口,宽度不宜小于2.0m,高度不宜低于2.0m。

图名 9.6m跨双骨架双保温被装配式
保温墙体日光温室平面图

图集号 DB-GC-004
页 次 01

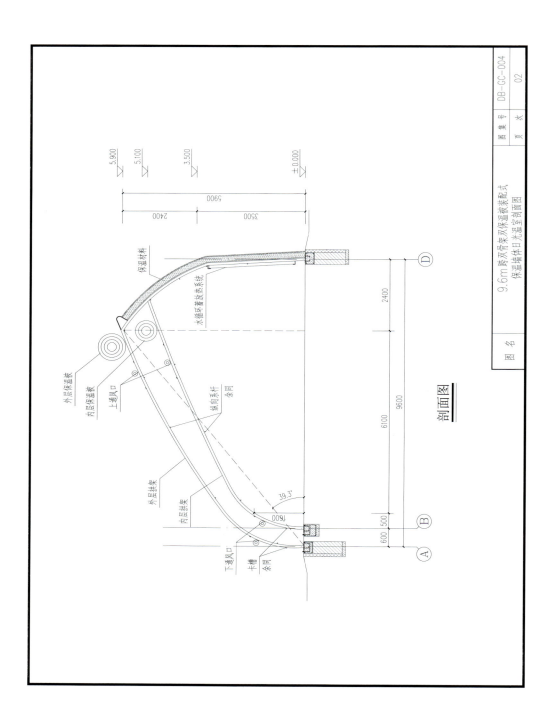

剖面图

9.6m跨双层骨架双保温被装配式
保温墙体日光温室剖面图

图名

图集号 DB-GC-004
页次 02

DB-YC-001　14m跨装配式柔性墙体日光温室

1　基本特点

1.1　适用区域

该类型温室适用于北纬40°～42°、室外最低温度不低于−15℃的地区，主要用于叶菜类蔬菜或草莓栽培。

1.2　主体参数

温室跨度14.0m，脊高6.8～7.2m，前屋面角30°～33°，后墙连后屋面整体呈弧形，距离前屋面底脚0.5m处的室内净高宜为1.5～1.8m。

1.3　生产性能

冬季室外最低温度不低于−15℃时，室内温度一般不低于4℃，可满足叶菜类蔬菜或草莓正常生长。

2　温室方案

2.1　结构形式

温室主体骨架可采用上下弦桁架结构，也可采用单拱椭圆管结构。采用桁架结构时，室内无立柱，上弦宜采用热镀锌圆管，规格不宜低于ϕ25mm、壁厚不小于2.0mm；下弦可采用ϕ20mm热镀锌圆管，壁厚不小于1.5mm，或者ϕ10～12mm热镀锌圆钢；腹杆可采用ϕ8～10mm热镀锌圆钢。采用椭圆管结构时，选用热镀锌材质，壁厚不小于2.0mm，在室内前屋面中部设支撑立柱，可采用热镀锌圆管，壁厚不小于2.5mm，立柱间距宜在3～5m。为便于机械化作业，支撑立柱可做成活动式。屋面纵向系杆通常采用热镀锌圆管，规格不低于ϕ20mm×1.5mm，布置间距不宜大于2.0m。骨架镀锌层不应低于200g/m²。主体结构应按照《农业温室结构荷载规范》（GB/T 51183）进行荷载取值，并根据《农业温室结构设计标准》（GB/T 51424）进行结构计算。设计使用年限不低于10年。

2.2　墙体做法

温室后墙采用单层或多层柔性保温材料，厚度不小于5cm，东西山墙可采用100mm厚聚氨酯彩钢复合板，也可采用覆盖一层透光性材料后外侧再覆盖单层或多层柔性保温材料的做法（白天可卷起柔性保温材料，增加透光量）。材料热阻不宜低于3.0 m²·K/W。材料正常使用寿命不宜低于10年。

2.3　基础做法

根据土质、地下水位情况和当地冻土层深度确定基础埋深，一般在1.0～1.5m。可采用素土夯实基底、毛石砌筑，上方浇筑高250mm钢筋混凝土圈梁至正负零，东西向宜根据温室长度设置沉降缝；也可采用螺旋桩基础或现浇钢筋混凝土柱独立基础，基础顶端利用通长角铁连接。基础外侧四周采用100mm厚挤塑聚苯乙烯泡沫板（密度不宜小于20kg/m³）或其他保温材料作为防寒保温层，埋深0.6～0.8m。

2.4 施工要点

采用桁架结构时，主体骨架、纵向系杆、斜撑杆等构件之间可采用焊接，焊接点须进行有效防锈处理。采用椭圆管结构时，主体骨架、纵向系杆、斜撑杆等构件之间宜采用专用热镀锌连接件装配固定。骨架与基础预埋件/角铁之间可采用焊接，焊接点须进行有效防锈处理。墙体围护保温材料应与主体结构牢固连接，接缝处应做好密封。

3 装备方案

3.1 外保温系统

根据温室长度，一般选择中置自走式卷被方式，宜配置行程（限位）开关实现卷被电机自锁，温室顶部屋脊处宜安装防过卷装置。保温被宜选用面料抗老化、不吸水材料，厚度不宜小于3cm，热阻不宜低于1.0 m²·K/W。

3.2 卷膜通风系统

宜在温室前屋面屋脊下方及前底角各设置一道通风口，宽度宜为1.0～1.5m。上风口上沿与屋脊的距离宜为1.0m，下风口下沿距离室内地面的高度宜为0.5～0.6m，上下风口均安装防虫网。宜在上段膜及上风口下安装防兜水热镀锌钢丝网。上风口宜采用电动卷膜器，下风口宜采用手自一体化卷膜器。可结合智能放风控制系统，实现依据室内温度自动放风。

3.3 施肥灌溉系统

根据栽培方式和种植面积，合理选择比例施肥器、单通道施肥机或多通道施肥机等水肥一体化设备，灌溉方式可选择地面滴灌或吊挂微喷。

3.4 环境智能监测系统

结合管理需求，温室内可安装空气温度、空气相对湿度、光照等多因子环境信息智慧感知设备。

3.5 物流运输装备

根据生产和管理需要，可配置电动轻简化运输车。

14m跨装配式柔性墙体日光温室

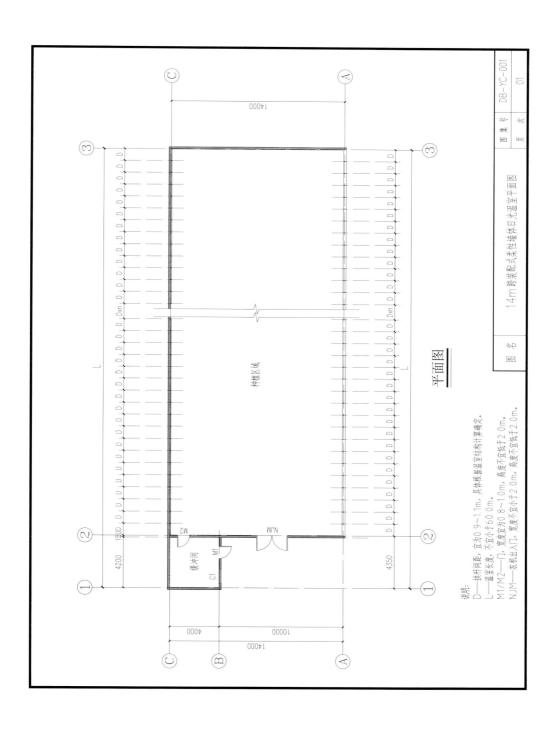

平面图

14m跨装配式柔性墙体日光温室平面图

图集号 DB-YC-001

页 次 01

说明：
D——拱杆间距，宜为0.9~1.1m，具体根据温室结构计算确定。
L——温室长度，不宜小于60.0m。
M1/M2——门，宽度宜为0.8~1.0m，高度不宜低于2.0m。
NJM——农机出入口，宽度不宜小于2.0m，高度不宜低于2.0m。

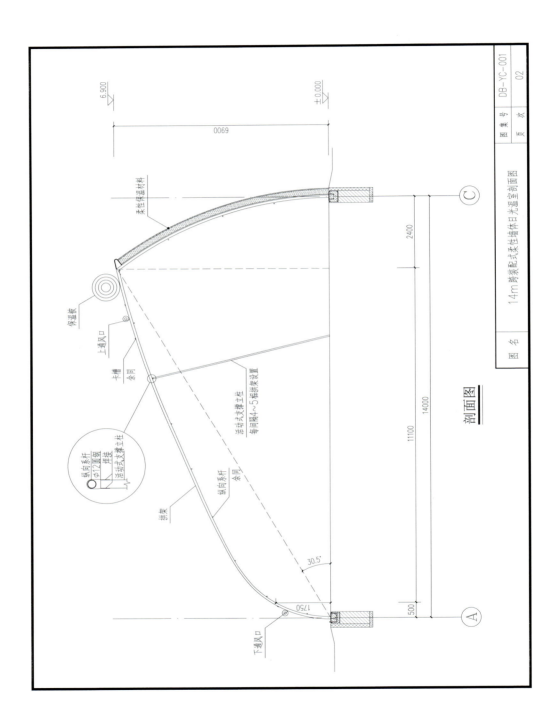

剖面图

图 名　14m 跨装配式柔性墙体日光温室剖面图

图 集 号　DB-YC-001

页　次　02

DB-YM-001　12m跨复合保温式砖墙日光温室

1　基本特点

1.1　适用区域

该类型温室适用于北纬40°～42°、室外最低温度不低于−25℃地区，主要用于蔬菜种苗生产。

1.2　主体参数

温室跨度12.0m，脊高6.5～6.9m，前屋面角36.8°～38.7°，后屋面角61°～71°，后墙高3.8～4.2m，距离前屋面底脚0.5m处的室内净高宜为1.5～1.8m。

1.3　生产性能

冬季室外最低温度不低于−25℃时，室内温度一般不低于8℃，在配套应急加温和补光设备条件下，可满足冬季蔬菜育苗需求。

2　温室方案

2.1　结构形式

温室主体骨架可采用上下弦桁架结构，也可采用单拱椭圆管结构。采用桁架结构时，上弦宜采用热镀锌圆管，规格不宜低于$\phi25mm$、壁厚不小于2.0mm；下弦可采用$\phi20mm$热镀锌圆管，壁厚不小于1.5mm，或者$\phi10～12mm$热镀锌圆钢；腹杆可采用$\phi8～10mm$热镀锌圆钢。采用椭圆管结构时，选用热镀锌材质，壁厚不小于2.5mm。屋面纵向系杆通常采用热镀锌圆管，规格不低于$\phi20mm×1.5mm$，布置间距不宜大于2.0m。骨架镀锌层不应低于$200g/m^2$。主体结构应按照《农业温室结构荷载规范》（GB/T 51183）进行荷载取值，并根据《农业温室结构设计标准》（GB/T 51424）进行结构计算，设计使用年限不低于10年。

2.2　墙体做法

温室后墙和东西山墙均采用混凝土实心砖等砌块砌筑，厚度不宜小于370mm，外贴挤塑聚苯乙烯泡沫板（密度不宜小于$20kg/m^3$）或其他硬质保温材料，厚度不宜低于100mm且表面应做好密封处理。墙体材料正常使用年限不应低于10年。

2.3　基础做法

根据土质、地下水位情况和当地冻土层深度确定基础埋深，一般在1.0～1.5m。可采用素土夯实基底、毛石砌筑，上方浇筑高250mm钢筋混凝土圈梁至正负零，东西向宜根据温室长度设置沉降缝。基础外侧用100mm厚挤塑聚苯乙烯泡沫板（密度不宜小于$20kg/m^3$）或其他保温材料作为防寒保温层，埋深0.6～0.8m。

2.4 施工要点

采用桁架结构时，主体骨架、纵向系杆、斜撑杆等构件之间可采用焊接，焊接点须进行有效防锈处理。采用椭圆管结构时，主体骨架、纵向系杆、斜撑杆等构件之间宜采用专用热镀锌连接件装配固定。骨架与预埋件之间可采用焊接，焊接点须进行有效防锈处理。后屋面应采用隔热保温材料，并做好密封，防止漏水漏风。

3 装备方案

3.1 外保温系统

根据温室长度，一般选择中置自走式卷被方式，宜配置行程（限位）开关实现卷被电机自锁。保温被宜选用面料抗老化、不吸水材料，厚度不宜小于3cm，热阻不宜低于 $1.0 \ m^2 \cdot K/W$。

3.2 卷膜通风系统

宜在温室前屋面屋脊下方及前底角各设置一道通风口，宽度宜为 1.0 ～ 1.5m。上风口上沿与屋脊的距离宜为 1.0m，下风口下沿距离室内地面的高度宜为 0.5 ～ 0.6m，上下风口均安装防虫网。宜在上段膜及上风口下安装防兜水热镀锌钢丝网。上风口宜采用电动卷膜器，下风口宜采用手自一体化卷膜器。可结合智能放风控制系统，实现依据室内温度自动放风。

3.3 遮阳系统

可根据生产实际需要在温室外侧顶部0.5m以上空间架设齿轮齿条式或钢索拉幕式外遮阳系统，或在室内配置钢索拉幕式内遮阳系统。

3.4 应急加温系统

根据当地气候条件，设置水暖、电加热等应急加温系统。

3.5 湿帘－风机降温系统

根据温室长度和当地气候条件，可在东西山墙安装湿帘－风机强制通风降温系统。

3.6 育苗设施装备

根据育苗需求，可配置移动式或固定式育苗床架。嫁接育苗还可根据实际生产需要配置嫁接生产线、秧苗嫁接愈合室等。

3.7 灌溉施肥设备

根据育苗要求，设置移动式喷淋洒水车。

3.8 补光系统

根据育苗时期的室外自然光照条件和育苗需要，合理配置人工补光灯。

3.9 环境智能监测系统

结合管理需求，温室内可安装空气温度、空气相对湿度、光照等多因子环境信息智慧感知设备。

3.10　物流运输装备

根据生产管理需要，可配置电动轻简化运输车。

12m跨复合保温式砖墙日光温室

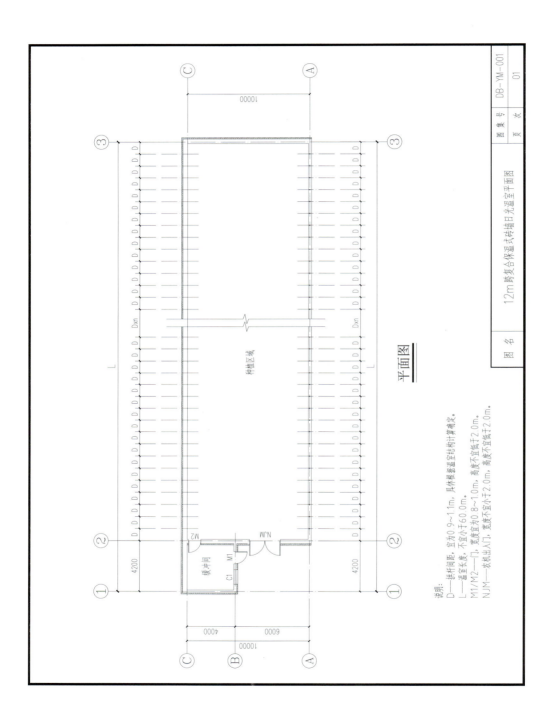

平面图

说明:
D——拱杆间距,宜为0.9~1.1m,见休根据温室结构计算确定。
L——温室长度,不宜小于60.0m。
M1/M2——门。
NJM——农机出入门,宽度不宜小于2.0m,高度不宜低于2.0m。

门宽宜为0.8~1.0m,高度不宜低于2.0m。

种植区域

缓冲间

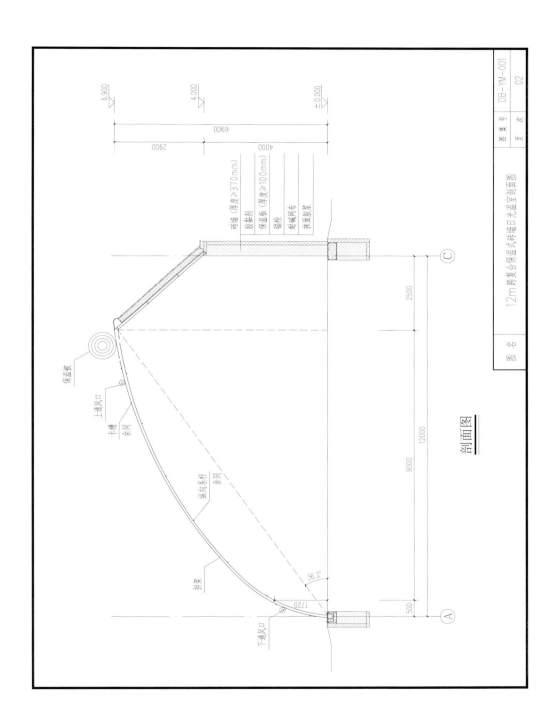

剖面图

12m跨复合保温砌砖墙日光温室剖面图

图名

图集号 DB-YM-001

页次 02

全国设施蔬菜
主推棚型结构与工艺技术图册
Quanguo Sheshi Shucai
Zhutui Pengxing Jiegou yu Gongyi Jishu Tuce

三
黄淮海地区主推棚型
结构及工艺装备

（一）区域地理位置与气候特点

本区域地处北纬32°～40°，包括北京、天津、山西、河北、山东、河南、安徽中北部、江苏中北部。可分为3个亚区：环渤海温带亚区（北纬38°～40°），包括北京、天津、河北中北部等地区；黄河中下游流域暖温带亚区（北纬35°～38°），包括山西、河北南部、山东、河南北部等地区；淮河流域暖温带亚区（北纬32°～35°），包括河南中南部、安徽中北部、江苏中北部等地区。

本区域无霜期155～220d。光资源丰富，多数地区年日照时数2 000～2 800h，部分地区最低年日照时数1 550h。热资源充足，全年太阳总辐射3 100～6 100MJ/m²，年平均气温8～15℃，1月平均气温-10～2℃，极端最低气温-33.9℃，极端最高气温44℃。其中，环渤海温带亚区1月平均气温-10～-7℃，≥0℃天数220～260d，≥10℃积温2 500～3 500℃；黄河中下游流域暖温带亚区1月平均气温-10～0℃，≥0℃天数220～310d，≥10℃积温3 000～4 500℃；淮河流域暖温带亚区1月平均气温0～2℃，≥10℃积温4 390～5 627℃。主要气象灾害为雪灾、风害、涝灾、冬季低温寡照冷害、夏季高温高湿等。

（二）主推棚型结构及工艺装备

本区域适宜发展高效节能宜机化日光温室、单栋塑料大棚、连栋塑料大棚及大跨度外保温塑料大棚，应满足冬季采光、蓄热增温、保温防寒以及夏季遮阳、降温需求，适当配置应急加温、补光等环境调控装备。

日光温室跨度宜为10～14m，最大不宜超过16m，距离前屋面底脚0.5m处室内净高宜大于1.5m。跨度12m以内宜采用无立柱型式，12m以上可以设置1～2排立柱，立柱的位置不应妨碍机械化作业。在北纬38°～40°、室外最低气温不低于-20℃的地区，10～12m跨复合保温式砖墙日光温室或配有多源蓄放热系统的柔性墙体日光温室可用于果菜类蔬菜越冬生产。在北纬35°～38°、室外最低气温不低于-15℃的地区，10～14m跨复合保温式砖墙日光温室或配有水（多）源蓄放热系统的柔性墙体日光温室可用于果菜类蔬菜越冬生产。在北纬32°～35°、室外最低气温不低于-15℃的地区，12～14m跨复合保温式砖墙日光温室或配有水源蓄放热系统的柔性墙体日光温室可用于果菜类蔬菜越冬生产。黄淮海地区不同地理纬度区域的日光温室适宜结构参数见表3-1，主推棚型详见HHH系列图集。

表3-1　黄淮海地区日光温室主体结构参数

地理纬度	跨度 (m)	脊高 (m)	后墙高 (m)	后屋面水平投影宽度 (m)	前屋面角 (°)
N38°～40°	10	5.0～5.4	3.8～4.1	1.3～1.5	30.0～32.0
	12	6.0～6.4	4.7～5.0	1.5～1.8	29.0～31.0
N35°～38°	10	4.9～5.3	3.8～4.1	1.0～1.2	29.0～31.0
	12	5.8～6.2	4.6～4.9	1.1～1.4	28.0～30.0
	14	6.6～7.0	5.3～5.6	1.2～1.5	27.0～29.0
N32°～35°	12	5.6～6.0	4.5～4.8	1.0～1.3	27.0～29.0
	14	6.3～6.7	5.1～5.4	1.1～1.4	26.0～28.0

　　大跨度外保温塑料大棚包括南北走向对称结构和东西走向非对称结构2种型式。南北走向对称结构外保温塑料大棚跨度宜在20～24m，脊高宜在6.0～7.0m；东西走向非对称结构外保温塑料大棚跨度宜在16～20m，脊高宜在5.5～6.5m。室内可以设置1～2排立柱，立柱的位置不应妨碍机械化作业，顶部应设置通风口。在室外最低气温不低于−20℃的地区，可用于叶菜类蔬菜越冬生产；在室外最低气温不低于−10℃的地区，可用于果菜类蔬菜越冬生产。

　　单栋塑料大棚跨度宜在8～12m，脊高宜在3.5～5.0m，以夏季遮阳避雨、冬季防寒保温为主，主要用于叶菜类蔬菜越冬生产或果菜类蔬菜春提前、秋延后生产。

　　连栋塑料大棚单跨8～10m，开间4m，肩高不宜低于3.0m，脊高不宜低于4.5m，宜配置外遮阳、卷膜通风等环境调控设备。以自然通风降温为主的连栋塑料大棚，3～5连栋为宜。主要用于叶菜类蔬菜越冬生产或果菜类蔬菜春提前、秋延后生产，也可用于种苗繁育。

　　大跨度外保温塑料大棚、单栋塑料大棚、连栋塑料大棚的主推棚型详见通用型图集。

HHH-GC-001　12m跨多源蓄放热式柔性墙体日光温室

1　基本特点

1.1　适用区域

该类型温室适用于北纬38°～40°、室外最低温度不低于−20℃的地区，主要用于果菜类蔬菜越冬生产。

1.2　主体参数

温室跨度12.0m，前屋面角29°～31°，脊高6.0～6.4m，后墙高4.7～5.0m，后屋面角40°～45°，距前屋面底脚0.5m处的室内净高宜为1.5～1.8m。

1.3　生产性能

冬季室外最低气温不低于−20℃时，利用空气源和水源主动蓄放热系统，室内温度一般不低于8℃，可满足果菜类蔬菜正常生长。

2　温室方案

2.1　结构形式

温室主体骨架可采用上下弦桁架结构或单拱椭圆管结构。采用桁架结构时，上弦宜采用热镀锌椭圆管，规格不宜低于ϕ25mm，壁厚不小于2.0mm；下弦可采用ϕ20mm热镀锌圆管，壁厚不小于2.0mm，或采用ϕ10～12mm热镀锌圆钢。腹杆可采用ϕ8～10mm热镀锌圆钢。采用椭圆管结构时，选用热镀锌材质，壁厚不小于2.0mm。屋面纵向系杆通常采用热镀锌圆管，规格不低于ϕ20mm×1.5mm，布置间距不宜大于2.0m。骨架镀锌层不应低于200g/m²。主体结构应按照《农业温室结构荷载规范》（GB/T 51183）进行荷载取值，并根据《农业温室结构设计标准》（GB/T 51424）进行结构计算，设计使用年限不低于10年。

2.2　墙体做法

温室后墙连后屋面、山墙的围护材料均采用柔性保温材料，厚度宜为6～10cm，热阻不宜小于2.0 m²·K/W。保温材料应与墙体骨架牢固连接，接缝处做好密封处理。保温材料正常使用寿命不应低于10年。

2.3　基础做法

根据土质及地下水位情况，宜采用螺旋桩基础或现浇钢筋混凝土柱独立基础，埋深宜大于冻土层深度且不宜低于0.5m，基础顶端采用通长角铁连接。基础外侧采用挤塑聚苯乙烯泡沫板（密度不宜小于20kg/m³）或其他保温材料作为土壤防寒保温层，埋深超过冻土层。

2.4 施工要点

采用桁架结构时，主体骨架、纵向系杆、斜撑杆等构件之间可采用焊接，焊接点须进行有效防锈处理。采用椭圆管结构时，主体骨架、纵向系杆、斜撑杆等构件之间宜采用专用热镀锌连接件装配固定。骨架与基础预埋件/角铁之间可采用焊接，焊接点须进行有效防锈处理。墙体围护保温材料应与主体结构牢固连接，接缝处应做好密封。

3 装备方案

3.1 外保温系统

根据温室长度，一般选择中置自走式卷被方式，宜配置行程（限位）开关实现卷被电机自锁，温室顶部屋脊处宜安装防过卷装置。保温被宜选用面料抗老化、不吸水材料，厚度不宜小于3cm，热阻不宜低于$1.0\ m^2 \cdot K/W$。

3.2 卷膜通风系统

宜在温室前屋面屋脊下方及前底角各设置一道通风口，宽度宜为1.0～1.5m，上风口上沿与屋脊的距离宜为1.0～1.2m，下风口下沿距离室内地面的高度宜为0.4～0.6m。上下风口均安装防虫网。宜在上段膜及上风口下方安装防兜水热镀锌钢丝网。上风口宜采用电动卷膜器，下风口宜采用手自一体化卷膜器。可结合智能放风控制系统，实现依据室内温度自动放风。

3.3 水源主动式蓄放热系统

北墙内侧挂装黑色水袋等太阳能蓄放热装置，配合地埋保温储水箱（槽）及动力式水循环装置，白天将部分室内热能蓄积到水体中，并在夜间根据作物生长需要向室内释放热能进行补温。系统应由专业厂家设计和制造。

3.4 空气－土壤地中热交换系统

在温室内耕作土层下埋设空气－土壤换热装置，利用动力循环的方式将温室内白天高温时段的部分热能蓄积到土壤中，提升土壤温度，在夜间及连阴天情况下向室内释放热量。

3.5 施肥灌溉系统

根据栽培方式和种植面积，合理选择比例施肥器、单通道施肥机或多通道施肥机等水肥一体化设备，灌溉方式可选择地面滴灌等。

3.6 环境智能监测系统

结合管理需求，温室内可安装空气温度、空气相对湿度、光照等多因子环境信息智慧感知设备。

3.7 物流运输装备

根据生产和管理需要，可配置电动轻简化运输车。

12m 跨多源蓄放热式柔性墙体日光温室

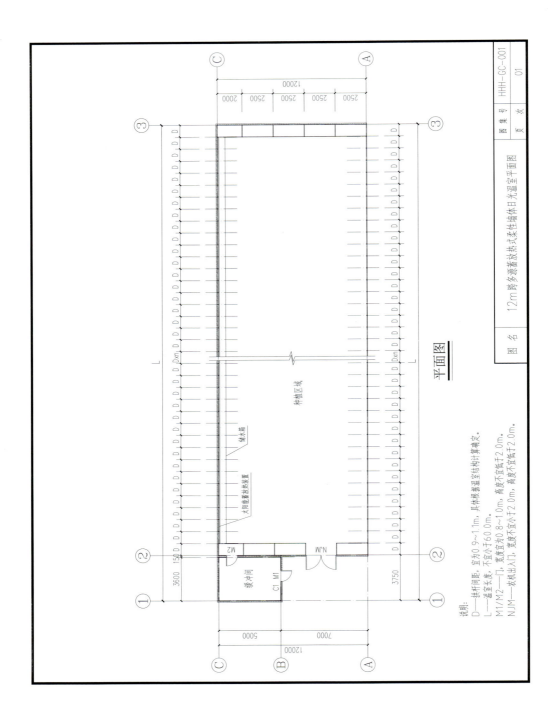

平面图

说明:
D——拱杆间距,宜为0.9~1.1m,具体根据温室结构计算确定。
L——温室长度,不宜小于60.0m。
M1/M2——门,宜高为0.8~1.0m,高度不宜低于2.0m。
NJM——农机出入门,宽度不宜小于2.0m,高度不宜低于2.0m。

图名 12m跨多源蓄热放热式柔性墙体日光温室平面图

图集号 HHH-GC-001

页 次 01

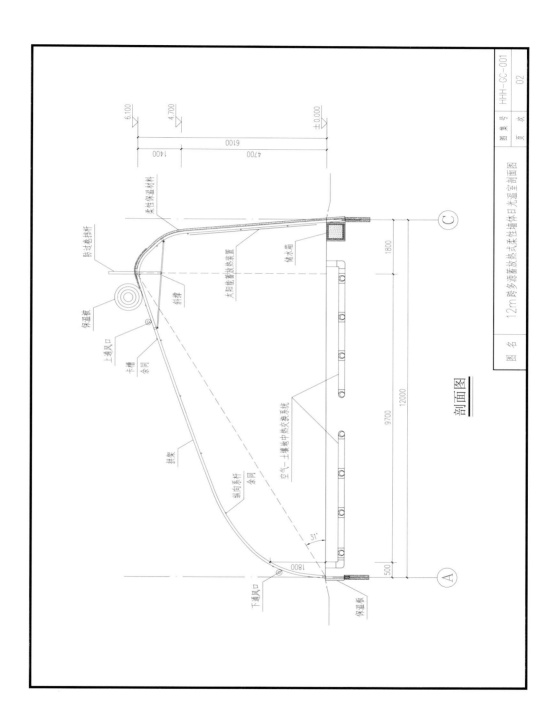

剖面图

图 名	12m跨多源蓄放热式柔性墙体日光温室剖面图
图集号	HHH-GC-001
页 次	02

HHH-GC-002　10m跨复合保温式砖墙日光温室

1　基本特点

1.1　适用区域

该类型温室适用于北纬35°～40°、室外最低温度不低于−20℃的地区，主要用于果菜类蔬菜越冬生产。

1.2　主体参数

温室跨度10.0m，前屋面角29°～32°，脊高4.9～5.4m，后墙高3.8～4.1m，后屋面角40°～45°，距前屋面底脚0.5m处的室内净高宜为1.5～1.8m。

1.3　生产性能

冬季室外最低气温不低于−20℃时，室内温度一般不低于8℃，可满足果菜类蔬菜正常生长。

2　温室方案

2.1　结构形式

屋面拱架可采用上下弦桁架结构或单拱椭圆管结构。采用桁架结构时，上弦宜采用热镀锌圆管，规格不宜低于ϕ25mm、壁厚不小于2.0mm；下弦可采用ϕ20mm热镀锌圆管、壁厚不小于1.5mm，或者ϕ10～12mm热镀锌圆钢；腹杆可采用ϕ8～10mm热镀锌圆钢。采用椭圆管结构时，选用热镀锌材质，壁厚不小于2.0mm。室内无立柱。屋面纵向系杆通常采用热镀锌圆管，规格不低于ϕ20mm×1.5mm，布置间距不宜大于2.0m。骨架镀锌层不应低于200g/m²。主体结构应按照《农业温室结构荷载规范》（GB/T 51183）进行荷载取值，并根据《农业温室结构设计标准》（GB/T 51424）进行结构计算，设计使用年限不低于10年。

2.2　墙体做法

温室后墙可采用混凝土实心砖等砌块砌筑，厚度不宜小于370mm；外贴挤塑聚苯乙烯泡沫板（密度不宜小于20kg/m³）或其他硬质保温材料，厚度不宜小于100mm，接缝应做好密封，表面应做好防护。材料正常使用寿命不应低于10年。

2.3　基础做法

根据土质及地下水位情况，采用砖砌条形基础或现浇钢筋混凝土条形基础，埋深宜大于冻土层深度且不宜低于0.5m，东西向宜根据温室长度设置沉降缝。基础外侧采用挤塑聚苯乙烯泡沫板（密度不宜小于20kg/m³）或其他保温材料作为防寒保温层，埋深超过冻土层。

2.4 施工要点

采用桁架结构时，主体骨架、纵向系杆、斜撑杆等构件之间可采用焊接，焊接点须进行有效防锈处理。采用椭圆管结构时，主体骨架、纵向系杆、斜撑杆等构件之间宜采用专用热镀锌连接件装配固定。骨架与预埋件可采用焊接，焊接点须进行有效防锈处理。后屋面应采用隔热保温材料，并做好密封和防护处理。

3 装备方案

3.1 外保温系统

根据温室长度，一般选择中置自走式卷被方式，宜配置行程（限位）开关实现卷被电机自锁。保温被宜选用面料抗老化、不吸水材料，厚度不宜小于3cm，热阻不宜低于1.0 $m^2 \cdot K/W$。

3.2 卷膜通风系统

宜在温室前屋面屋脊下方及前底角各设置一道通风口，宽度宜为1.0～1.5m。上风口上沿与屋脊的距离宜为1.0～1.2m，下风口下沿距离室内地面的高度宜为0.4～0.6m，上下风口均安装防虫网。宜在上段膜及上风口下安装防兜水热镀锌钢丝网。上风口宜采用电动卷膜器，下风口宜采用手自一体化卷膜器。可结合智能放风控制系统，实现依据室内温度自动放风。

3.3 施肥灌溉系统

根据栽培方式和种植面积，合理选择比例施肥器、单通道施肥机或多通道施肥机等水肥一体化设备，灌溉方式可选择地面滴灌等。

3.4 环境智能监测系统

结合管理需求，温室内可安装空气温度、空气相对湿度、光照等多因子环境信息智慧感知设备。

3.5 物流运输装备

根据生产和管理需要，可配置电动轻简化运输车。

10m跨复合保温式砖墙日光温室

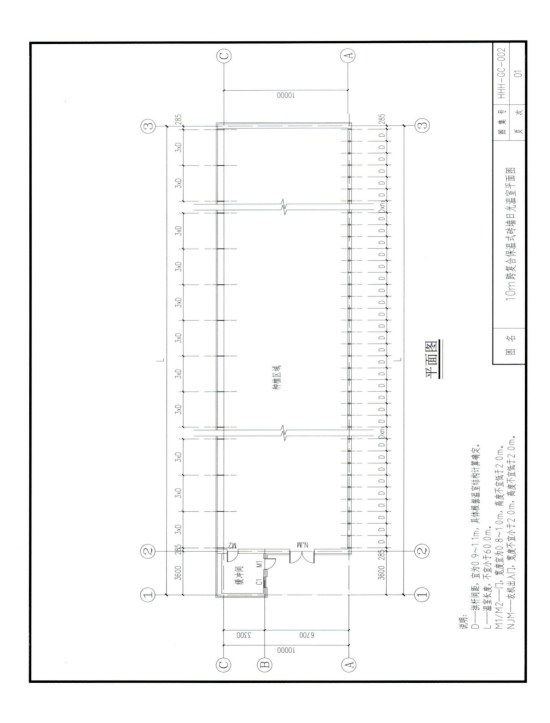

平面图

说明：
D——拆杆间距，宜为0.9～1.1m，具体根据温室整体结构计算确定。
L——温室长度，不宜小于60.0m。
M1/M2——门，宽度宜为0.8～1.0m，高度不宜低于2.0m。
NJM——农机出入口，宽度不宜小于2.0m，高度不宜低于2.0m。

图名　10m跨复合保温式砖墙日光温室平面图

图集号　HHH-GC-002

页次　01

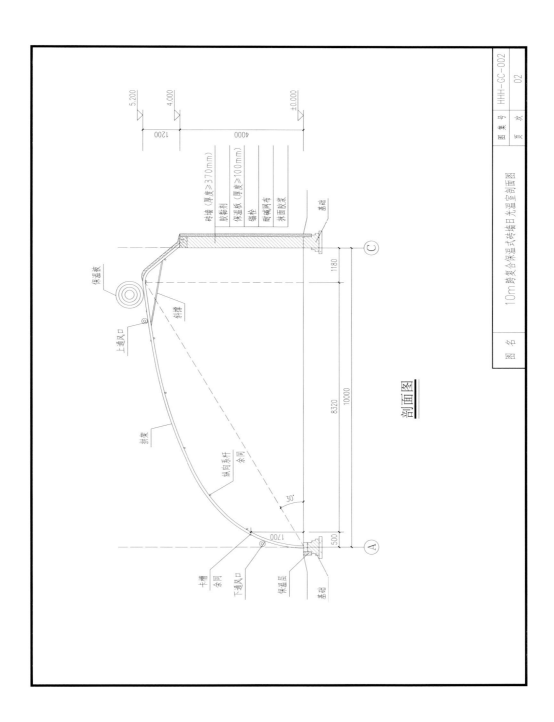

剖面图

HHH-GC-003 12m跨水源蓄放热式柔性墙体日光温室

1 基本特点

1.1 适用区域

该类型温室适用于北纬32°～38°、室外最低温度不低于−15℃的地区，主要用于果菜类蔬菜越冬生产。

1.2 主体参数

温室跨度12.0m，前屋面角27°～31°，脊高5.6～6.2m，后墙高4.6～4.9m，后屋面角40°～45°，距前屋面底脚0.5m处的室内净高宜为1.5～1.8m。

1.3 生产性能

冬季室外最低温度不低于−15℃条件下，利用水源主动式蓄放热系统，室内温度一般不低于8℃，可满足果菜类蔬菜正常生长。

2 温室方案

2.1 结构形式

温室主体骨架可采用上下弦桁架结构或单拱椭圆管结构。采用桁架结构时，上弦宜采用热镀锌圆管，规格不宜低于ϕ25mm，壁厚不小于2.0mm；下弦可采用ϕ20mm热镀锌圆管，壁厚不小于2.0mm，或采用ϕ10～12mm热镀锌圆钢。腹杆可采用ϕ8～10mm热镀锌圆钢。采用椭圆管结构时，选用热镀锌材质，壁厚不小于2.0mm。屋面纵向系杆通常采用热镀锌圆管，规格不低于ϕ20mm×1.5mm，布置间距不宜大于2.0m。骨架镀锌层不应低于200g/m²。主体结构应按照《农业温室结构荷载规范》（GB/T 51183）进行荷载取值，并根据《农业温室结构设计标准》（GB/T 51424）进行结构计算，设计使用年限不低于10年。

2.2 墙体做法

温室后墙连后屋面、山墙的围护材料均采用柔性保温材料，厚度宜为6～10cm，热阻不宜小于2.0 m²·K/W，保温材料应与墙体骨架牢固连接，接缝处做好密封处理。保温材料正常使用寿命不应低于10年。

2.3 基础做法

根据土质及地下水位情况，宜采用螺旋桩基础或现浇钢筋混凝土柱独立基础，埋深宜大于冻土层深度且不宜低于0.5m，基础顶端采用通长角铁连接。基础外侧采用挤塑聚苯乙烯泡沫板（密度不宜小于20kg/m³）或其他保温材料作为土壤防寒保温层，埋深超过冻土层。

2.4　施工要点

采用桁架结构时，主体骨架、纵向系杆、斜撑杆等构件之间可采用焊接，焊接点须进行有效防锈处理。采用椭圆管结构时，主体骨架、纵向系杆、斜撑杆等构件之间宜采用专用热镀锌连接件装配固定。骨架与基础预埋件/角铁之间可采用焊接，焊接点须进行有效防锈处理。墙体围护保温材料应与主体结构牢固连接，接缝处应做好密封。

3　装备方案

3.1　外保温系统

根据温室长度，一般选择中置自走式卷被方式，宜配置行程（限位）开关实现卷被电机自锁，温室顶部屋脊处宜安装防过卷装置。保温被宜选用面料抗老化、不吸水材料，厚度不宜小于3cm，热阻不宜小于$1.0\ m^2 \cdot K/W$。

3.2　卷膜通风系统

宜在温室前屋面屋脊下方及前底角各设置一道通风口，宽度宜为1.0～1.5m。上风口上沿与屋脊的距离宜为1.0～1.2m，下风口下沿距离室内地面的高度宜为0.4～0.6m，上下风口均应安装防虫网。宜在上段膜及上风口下安装防兜水热镀锌钢丝网。上风口宜采用电动卷膜器，下风口宜采用手自一体化卷膜器。可结合智能放风控制系统，实现依据室内温度自动放风。

3.3　水源主动式蓄放热系统

北墙内侧挂装黑色水袋等太阳能蓄放热装置，配合地埋保温储水箱（槽）及动力式水循环装置，白天将部分室内热能蓄积到水体中，并在夜间根据作物生长需要向室内释放热量进行补温。系统应由专业厂家设计和制造。此外，还可根据需要配置其他主动式蓄放热系统或应急加温设备。

3.4　施肥灌溉系统

根据栽培方式和种植面积，合理选择比例施肥器、单通道施肥机或多通道施肥机等水肥一体化设备，灌溉方式可选择地面滴灌等。

3.5　环境智能监测系统

结合管理需求，温室内可安装空气温度、空气相对湿度、光照等多因子环境信息智慧感知设备。

3.6　物流运输装备

根据生产和管理需要，可配置电动轻简化运输车。

12m跨水源蓄放热式柔性墙体日光温室

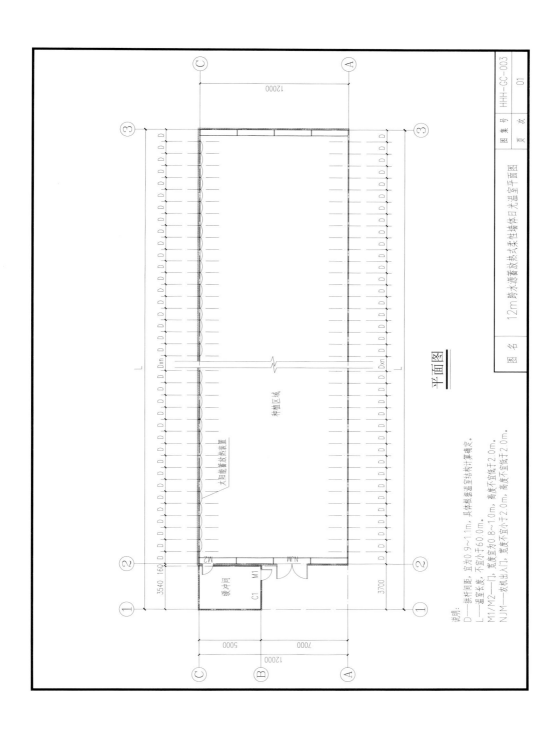

平面图

说明:
D——拱杆间距,宜为0.9～1.1m,具体根据温室结构计算确定。
L——温室长度,不宜小于60.0m。
M1/M2——门,宽度宜为0.8～1.0m,高度不宜低于2.0m。
NJM——农机出入口,宽度不宜小于2.0m,高度不宜低于2.0m。

种植区域

太阳能蓄放热装置

缓冲间

	图名	12m跨水源蓄放热装配式柔性墙体日光温室平面图
	图集号	HHH-GC-003
	页次	01

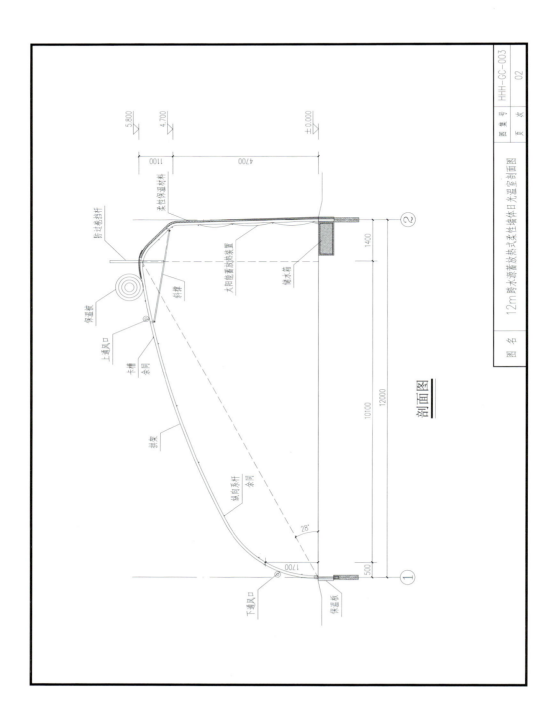

剖面图

	图 名	12m 跨水源蓄放热式柔性墙体日光温室剖面图
	图集号	HHH-GC-003
	页 次	02

HHH-GC-004　14m跨复合保温式砖墙日光温室

1　基本特点

1.1　适用区域

该类型温室适用于北纬32°～38°、室外最低温度不低于−15℃的地区，主要用于果菜类蔬菜越冬生产。

1.2　主体参数

温室跨度14.0m，前屋面角26°～29°，脊高6.3～7.0m，后墙高5.1～5.6m，后屋面角40°～45°，距前屋面底脚0.5m处的室内净高宜为1.5～1.8m。

1.3　生产性能

冬季室外最低气温不低于−15℃时，室内温度一般不低于8℃，可满足果菜类蔬菜正常生长。

2　温室方案

2.1　结构形式

屋面拱架可采用上下弦桁架结构或单拱椭圆管结构。采用桁架结构时，上弦和下弦宜采用热镀锌圆管，上弦规格不宜低于$\phi32mm×2.0mm$，下弦规格不宜低于$\phi25mm×1.5mm$，腹杆可采用$\phi10～12mm$热镀锌圆钢。采用椭圆管结构时，选用热镀锌材质，规格不宜低于75mm×30mm×2.5mm。室内根据结构计算不设立柱或设置1～2排立柱。屋面纵向系杆通常采用热镀锌圆管，规格不低于$\phi20mm×1.5mm$，布置间距不宜大于2.0m。骨架镀锌层不应低于200g/m²。主体结构应按照《农业温室结构荷载规范》（GB/T 51183）进行荷载取值，并根据《农业温室结构设计标准》（GB/T 51424）进行结构计算，设计使用年限不低于10年。

2.2　墙体做法

温室后墙和山墙可采用混凝土实心砖等砌块砌筑，厚度不宜小于370mm；外贴挤塑聚苯乙烯泡沫板（密度不宜小于20kg/m³）或其他硬质保温材料，厚度不宜小于100mm，接缝应做好密封，表面做好防护。材料正常使用寿命不应低于10年。

2.3　基础做法

根据土质及地下水位情况，采用砖砌条形基础或现浇钢筋混凝土条形基础。埋深宜大于冻土层深度且不宜低于0.5m，东西向宜根据温室长度设置沉降缝。基础外侧采用挤塑聚苯乙烯泡沫板（密度不宜小于20kg/m³）或其他保温材料作为防寒保温层，埋深超过冻土层。室内立柱采用独立基础。

2.4 施工要点

采用桁架结构时，主体骨架、纵向系杆、斜撑杆等构件之间可采用焊接，焊接点须进行有效防锈处理。采用椭圆管结构时，主体骨架、纵向系杆、斜撑杆等构件之间宜采用专用热镀锌连接件装配固定。骨架与预埋件可采用焊接，焊接点须进行有效防锈处理。后屋面应采用隔热保温材料，并做好密封和防护处理。

3 装备方案

3.1 外保温系统

根据温室长度，一般选择中置自走式卷被方式，宜配置行程（限位）开关实现卷被电机自锁。保温被宜选用面料抗老化、不吸水材料，厚度不宜小于3cm，热阻不宜低于1.0 m^2·K/W。

3.2 卷膜通风系统

宜在温室前屋面屋脊下方及前底角各设置一道通风口，宽度宜为1.0～1.5m。上风口上沿与屋脊的距离宜为1.0～1.2m，下风口下沿距离室内地面的高度宜为0.4～0.6m，上下风口均应安装防虫网。宜在上段膜及上风口下方安装防兜水热镀锌钢丝网。上风口宜采用电动卷膜器，下风口宜采用手自一体化卷膜器。可结合智能放风控制系统，实现依据室内温度自动放风。

3.3 施肥灌溉系统

根据栽培方式和种植面积，合理选择比例施肥器、单通道施肥机或多通道施肥机等水肥一体化设备，灌溉方式可选择地面滴灌等。

3.4 环境智能监测系统

结合管理需求，温室内可安装空气温度、空气相对湿度、光照等多因子环境信息智慧感知设备。

3.5 物流运输装备

根据生产和管理需要，可配置电动轻简化运输车。

14m跨复合保温式砖墙日光温室

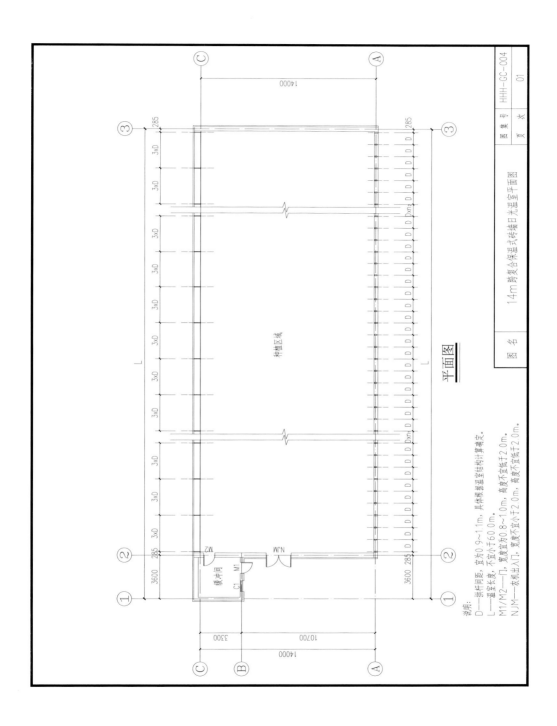

平面图

说明：
D——拱杆间距，宜为0.9~1m，具体根据温室结构计算确定。
L——温室长度，不宜小于60.0m。
M1/M2——门，高度不宜低于2.0m。
NJM——农机出入口，宽度不宜小于2.0m，高度不宜低于2.0m。

图名 14m跨复合保温式砖墙日光温室平面图

图集号 HHH-GC-004

页次 01

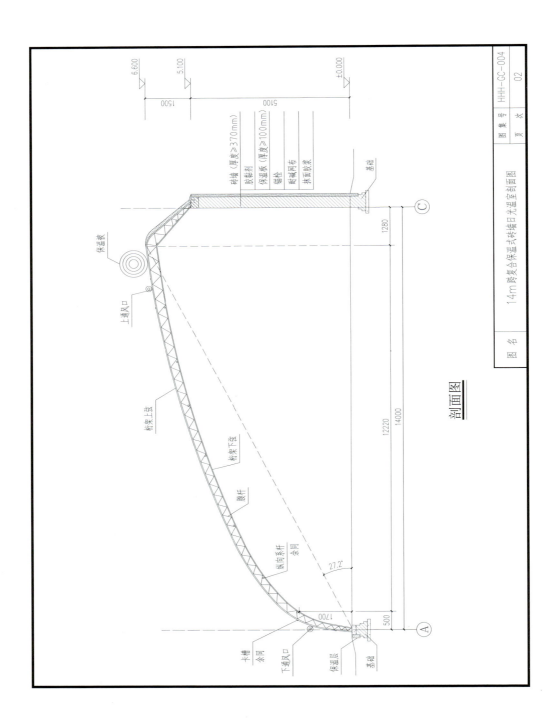

剖面图

图名　14m跨复合保温式砖墙日光温室剖面图

图集号　HHH-GC-004
页　次　02

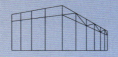

全国设施蔬菜
主推棚型结构与工艺技术图册
Quanguo Sheshi Shucai
Zhutui Pengxing Jiegou yu Gongyi Jishu Tuce

四
西北地区主推棚型
结构及工艺装备

（一）区域地理位置与气候特点

本区域包括新疆、甘肃、宁夏、陕西、青海、西藏及内蒙古中西部。可分为3个亚区：青藏高寒亚区，包括西藏东中部、青海东中部等地区；新疆冷温带干旱亚区，包括新疆等地区；陕甘宁蒙温带半干旱亚区，包括陕西、宁夏、甘肃及内蒙古中西部等地区。

本区域南北跨度较大，地形复杂，气候变化大。无霜期50 ～ 260d。光资源丰富，年日照时数2 000 ～ 3 300h，年日照百分率48% ～ 80%。热资源充足，年太阳总辐射4 200 ～ 8 400MJ/m²，年平均温度5 ～ 14℃。年降水量30 ～ 590mm。属次大风压区和局部大雪压区（最大积雪深度0.5m以上）。其中，青藏高寒亚区为高原寒冷区；新疆冷温带干旱亚区太阳能丰富，属次大风压区和大雪压及次大雪压区；陕甘宁蒙温带半干旱亚区大部地区太阳能丰富，为次大风压区和低雪压区。主要气象灾害为干旱、风害、沙尘暴、低温冷害、冰雹、夏季高温、暴雨等。

（二）主推棚型结构及工艺装备

本区域适宜发展高效节能宜机化日光温室和塑料大棚，应满足冬季采光、蓄热增温、保温防寒以及夏季遮阳、降温需求，适当配置应急补温设备。在水资源承载力允许的前提下，发展非耕地设施蔬菜无土栽培。

日光温室跨度不宜小于10m，跨度12m以内宜采用无立柱型式，12m及12m以上可以设置1 ～ 2排立柱，立柱的位置不应妨碍机械化作业。本区域地形复杂，一般海拔上升1 000m，温室前屋面角应增加1°。在新疆冷温带干旱亚区，南疆、东疆室外最低气温不低于−21℃的地区，配备空气能热泵主动蓄放热系统的12m跨柔性墙体日光温室可用于果菜类蔬菜越冬生产；北疆室外最低气温不低于−21℃的地区，配备空气能热泵系统的12m跨复合保温式砖墙日光温室可实现果菜类蔬菜周年生产；当室外最低气温达到−21 ～ −26℃时，上述温室跨度缩小至10m可实现果菜类蔬菜越冬生产。在陕甘宁蒙温带半干旱亚区，宁夏最低气温不低于−20℃的地区，10m跨装配式复合蓄热保温墙体日光温室和12m跨多源蓄放热式柔性墙体日光温室都可用于果菜类蔬菜越冬生产。其他省份室外最低气温不低于−20℃的戈壁沙漠地区，配备多源蓄放热系统的12m跨沙石蓄放热保温墙体日光温室可实现果菜类蔬菜越冬生产；室外最低气温不低于−18℃的地区，配备多源蓄放热系统的14m跨柔性墙体日光温室可用于果菜类蔬菜越冬生产；当室外最低气温不低于−16℃时，其跨度可增大到16m。西北地区不同地理纬度区域的日光温室主体结构参数见表4-1，主推棚型详见XB系列图集。

表4-1　西北地区日光温室主体结构参数

地区	地理纬度	跨度（m）	脊高（m）	后墙高（m）	后屋面水平投影宽度（m）	前屋面角（°）
新疆地区	42°～46°	10	4.5～5.0	3.0～3.5	1.2～1.5	30.0～35.0
		12	5.2～6.0	3.2～4.0	1.3～1.7	28.0～35.0
	38°～42°	10	4.8～5.4	3.9～4.5	1.1～1.5	29.0～33.0
		12	5.2～5.9	4.2～4.6	1.2～1.7	28.0～33.0
	35°～38°	10	4.8～5.4	3.8～4.5	1.0～1.5	29.0～32.0
		12	5.2～5.9	4.3～4.6	1.1～1.6	28.0～32.0
		14	5.9～6.6	5.2～5.8	1.2～1.7	27.0～32.0
其他地区	38°～42°	10	5.0～5.5	3.5～4.0	1.2～1.5	29.0～32.0
		12	5.5～6.0	4.2～4.8	1.6～1.9	28.0～31.0
	35°～38°	12	5.5～6.0	4.2～4.7	1.5～1.8	28.0～30.0
		14	6.0～6.5	5.2～5.4	2.0～2.3	27.0～29.0
	32°～35°	12	5.5～6.0	4.2～4.6	1.4～1.7	27.0～29.0
		14	6.0～6.5	5.0～5.2	1.9～2.2	26.0～28.0
		16	6.3～6.8	5.4～5.8	2.4～2.7	25.0～27.0

大跨度外保温塑料大棚跨度宜在16～24m，脊高宜在6.0～7.0m，主要用于蔬菜春提前、秋延后生产，在局部地区结合应急加温措施可实现蔬菜越冬生产。

单栋塑料大棚跨度宜在8～12m，脊高宜在3.5～5.0m，主要用于蔬菜春提前、秋延后生产。

连栋塑料大棚单跨8～10m，开间4m，肩高不宜低于3.0m，脊高不宜低于4.5m；宜配置外遮阳、卷膜通风等环境调控设备。主要用于果菜类蔬菜春提前、秋延后生产，也可用于种苗繁育。

大跨度外保温塑料大棚、单栋塑料大棚、连栋塑料大棚的主推棚型详见通用型图集。

XB-GC-001　10m跨复合保温式砖墙日光温室

1　基本特点

1.1　适用区域

该类型温室适用于北纬42°～46°、室外最低温度不低于−26℃的北疆地区，主要用于果菜类蔬菜越冬生产。

1.2 主体参数

温室跨度10.0m，前屋面角30°～35°，脊高不低于4.5～5.0m，后墙高3.0～3.5m，后屋面角42°～57°，距前屋面底脚0.5m处的室内净高宜为1.5～1.8m。温室方位宜取南偏西10°左右。

1.3 生产性能

冬季室外最低气温-26℃时，利用空气能热泵主动蓄放热系统，室内环境可以满足果菜类蔬菜正常生长。

2 温室方案

2.1 结构形式

屋面拱架可采用上下弦桁架结构或单拱椭圆管结构。采用桁架结构时，上弦宜采用热镀锌圆管，规格不宜低于$\phi 25mm$，壁厚不小于2.0mm；下弦可采用$\phi 20mm$热镀锌圆管、壁厚不小于1.5mm，或者采用$\phi 10～12mm$热镀锌圆钢；腹杆可采用$\phi 8～10mm$热镀锌圆钢。采用椭圆管结构时，选用热镀锌材质，壁厚不小于2.0mm。屋面纵向系杆通常采用热镀锌圆管，规格不低于$\phi 20mm×1.5mm$，布置间距不宜大于2.0m。骨架镀锌层不应低于200g/m²。主体结构应按照《农业温室结构荷载规范》（GB/T 51183）进行荷载取值，并根据《农业温室结构设计标准》（GB/T 51424）进行结构计算，设计使用年限不低于10年。

2.2 墙体做法

温室后墙和山墙可采用多孔砖、实心砖等砌块砌筑，厚度不宜小于370mm，外贴挤塑聚苯乙烯泡沫板（密度不宜小于20kg/m³）或其他硬质保温材料，厚度不宜小于120mm，接缝处做好密封，表面做好防护。材料正常使用寿命不应低于10年。

2.3 基础做法

根据土质、地下水位情况和当地冻土层深度确定基础埋深，一般在1.0～1.5m。可采用基底素土夯实、毛石砌筑，上方浇筑高250mm钢筋混凝土圈梁至正负零，东西向宜根据温室长度设置沉降缝。基础外侧采用100mm厚挤塑聚苯乙烯泡沫板（密度不宜小于20kg/m³）或其他保温材料作为防寒保温层，埋深超过冻土层。

2.4 施工要点

采用桁架结构时，主体骨架、纵向系杆、斜撑杆等构件之间可采用焊接，焊接点须进行有效防锈处理。采用椭圆管结构时，主体骨架、纵向系杆、斜撑杆等构件之间宜采用专用热镀锌连接件装配固定。骨架与预埋件之间可采用焊接，焊接点须进行有效防锈处理。后屋面应采用隔热保温材料，并做好密封和防护处理。

3 装备方案

3.1 外保温系统

根据温室长度，一般选择中置自走式卷被系统，宜配置行程（限位）开关实现卷被电机自锁。保温被宜选用面料抗老化、不吸水材料，厚度不宜小于5cm，热阻不宜小于 $1.5\ m^2 \cdot K/W$。

3.2 卷膜通风系统

宜在温室前屋面屋脊下方及前底角各设置一道通风口，宽度宜为 $1.0 \sim 1.5m$。上风口上沿与屋脊的距离宜为1.0m，下风口下沿距离室内地面的高度宜为 $0.5 \sim 0.8m$，上下风口均应安装防虫网。宜在上段膜及上风口下安装防兜水热镀锌钢丝网。上风口宜采用电动卷膜器，下风口宜采用手自一体化卷膜器。可结合智能放风控制系统，实现依据室内温度自动放风。

3.3 空气能热泵主动蓄放热系统

一般采用以水作为介质的热泵系统。空气能主机设备安装于温室内中部，导热地暖管埋设于室内地下。白天利用空气能主机吸收室内空气多余热能至介质中，介质在导热地暖管中循环将热量传导给室内地下土壤进行储存；夜间可利用空气能主机将土壤中的热量提取出来释放到室内空气中，或由其自然缓慢地释放至空气中。系统应由专业厂家设计和制造。

3.4 施肥灌溉系统

根据栽培方式和种植面积，合理选择比例施肥器、单通道施肥机或多通道施肥机等水肥一体化设备，灌溉方式可选择地面滴灌等。

3.5 环境智能监测系统

结合管理需求，温室内可安装空气温度、空气相对湿度、光照等多因子环境信息智慧感知设备，结合智能终端实现远程数据查看和统计分析。

3.6 物流运输装备

根据生产和管理需要，可配置电动轻简化运输车或多功能作业平台车。

10m跨复合保温式砖墙日光温室

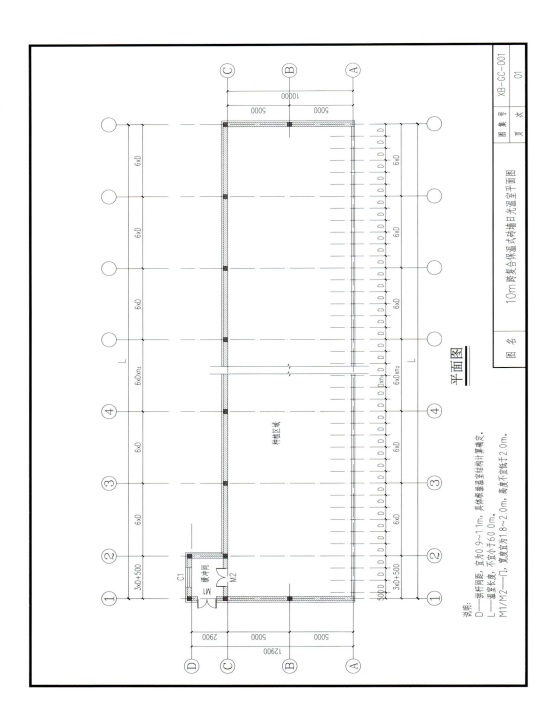

平面图

说明：
D——拱杆间距，宜为0.9～1.1m，具体根据温室结构计算确定。
L——温室长度，不宜小于60.0m。
M1/M2——门，墙宜对1.8～2.0m，高度不宜低于2.0m。

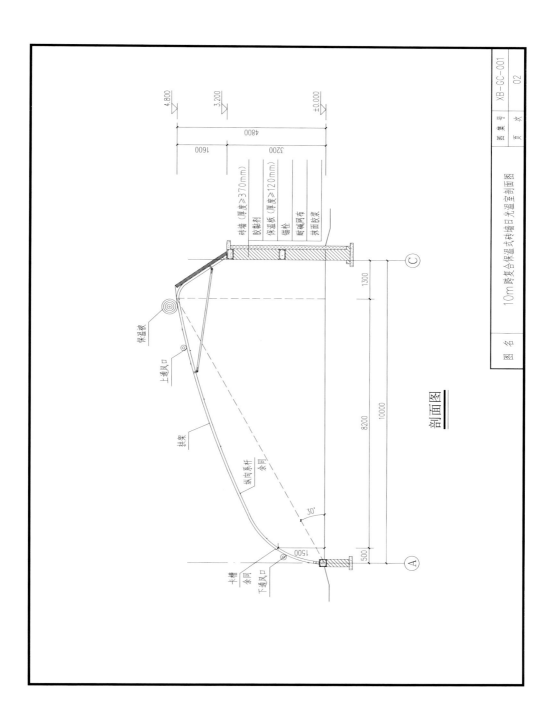

剖面图

XB-GC-002　12m跨复合保温式砖墙日光温室

1　基本特点

1.1　适用区域

该类型温室适用于北纬42°～46°、室外最低温度不低于−21℃的北疆地区，主要用于果菜类蔬菜越冬生产。

1.2　主体参数

温室跨度12.0m，前屋面角28°～35°，脊高不宜低于5.2～6.0m，后墙高3.2～4.0m，后屋面角36°～52°，距前屋面底脚1.0m处的室内净高宜为1.5～1.8m。温室方位角宜取南偏西10°左右。

1.3　生产性能

冬季室外最低气温−21℃时，利用空气能热泵主动蓄放热系统，室内环境可以满足果菜类蔬菜正常生长。

2　温室方案

2.1　结构形式

屋面采用双层骨架结构。外层骨架宜采用上下弦桁架结构，上弦可采用热镀锌圆管，规格不宜小于$\phi25mm×2.0mm$；下弦和腹杆可采用$\phi20mm×1.5mm$热镀锌圆管，或$\phi10～12mm$热镀锌圆钢。内层骨架宜采用热镀锌单杆椭圆管，壁厚不小于2.0mm。屋面纵向系杆通常采用热镀锌圆管，规格不低于$\phi20mm×1.5mm$，布置间距不宜大于2.0m。骨架镀锌层不应低于200g/m²。主体结构应按照《农业温室结构荷载规范》（GB/T 51183）进行荷载取值，并根据《农业温室结构设计标准》（GB/T 51424）进行结构计算，设计使用年限不低于10年。

2.2　墙体做法

温室后墙和山墙可采用多孔砖、实心砖等砌筑，厚度不宜小于370mm，每间隔5～6m设置一道现浇钢筋混凝土柱；墙体外贴挤塑聚苯乙烯泡沫板（密度不宜小于20kg/m³）或其他硬质保温材料，厚度不宜小于120mm，接缝处做好密封，表面做好防护。材料正常使用寿命不应低于10年。

2.3　基础做法

根据土质、地下水位情况和当地冻土层深度确定基础埋深，一般在1.0～1.5m。可采用基底素土夯实、毛石砌筑，上方浇筑高250mm钢筋混凝土圈梁至正负零，东西向宜根据温室长度设置沉降缝。基础外侧四周采用100mm厚挤塑聚苯乙烯泡沫板（密度不宜小于20kg/m³）或其他保温材料作为防寒保温层，埋深超过冻土层。

2.4 施工要点

采用桁架结构时，主体骨架、纵向系杆、斜撑杆等构件之间可采用焊接，焊接点须进行有效防锈处理。采用椭圆管结构时，主体骨架、纵向系杆、斜撑杆等构件之间宜采用专用热镀锌连接件装配固定。骨架与预埋件之间可采用焊接，焊接点须进行有效防锈处理。后屋面应采用隔热保温材料，并做好密封和防护处理。

3 装备方案

3.1 外保温系统

在外层骨架塑料薄膜之上安装一套外保温系统。根据温室长度，一般选择中置自走式卷被方式，宜配置行程（限位）开关实现卷被电机自锁。保温被宜选用面料抗老化、不吸水材料，厚度不宜小于5cm，热阻不宜小于1.5 $m^2 \cdot K/W$。

3.2 卷膜通风系统

内层棚面宜采用爬升式卷膜器进行整体全部卷放通风。外层棚面宜在前屋面屋脊下方及前底角各设置一道通风口，宽度宜为1.0～1.5m。上风口上沿与屋脊的距离宜为1.0m，下风口下沿距离室内地面的高度宜为0.5～0.8m，上下风口均应安装防虫网。宜在上段膜及上风口下安装防兜水热镀锌钢丝网。上风口宜采用电动卷膜器，下风口宜采用手自一体化卷膜器。可结合智能放风控制系统，实现依据室内温度自动放风。

3.3 空气能热泵主动蓄放热系统

一般采用以水作为介质的热泵系统。空气能主机设备安装于温室内中部，导热地暖管埋设于室内地下。白天利用空气能主机吸收室内空气多余热能至介质中，介质在导热地暖管中循环将热量传导给室内地下土壤进行储存；夜间可利用空气能主机将土壤中的热量提取出来释放到室内空气中，或由其自然缓慢地释放至空气中。系统应由专业厂家设计和制造。

3.4 施肥灌溉系统

根据栽培方式和种植面积，合理选择比例施肥器、单通道施肥机或多通道施肥机等水肥一体化设备，灌溉方式可选择地面滴灌等。

3.5 环境智能监测系统

结合管理需求，温室内可安装空气温度、空气相对湿度、光照等多因子环境信息智慧感知设备，结合智能终端实现远程数据查看和统计分析。

3.6 物流运输装备

根据生产和管理需要，可配置电动轻简化运输车。

12m跨复合保温式砖墙日光温室

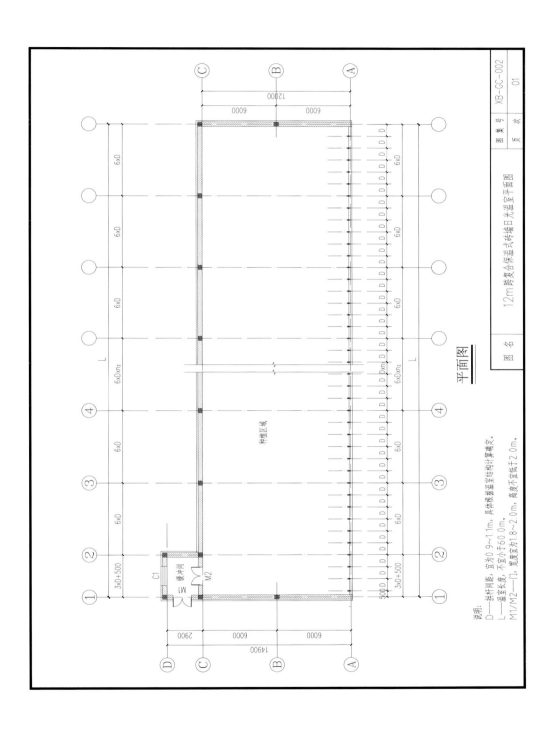

平面图

图名 12m跨复合保温式砖墙日光温室平面图

图集号 XB-CC-002

页次 01

说明:
D——拱杆间距,宜为0.9~1.1m,具体根据温室结构计算确定。
L——温室长度,不宜小于60.0m。
M1/M2——门,宽度宜为1.8~2.0m,高度不宜低于2.0m。

种植区域

缓冲间

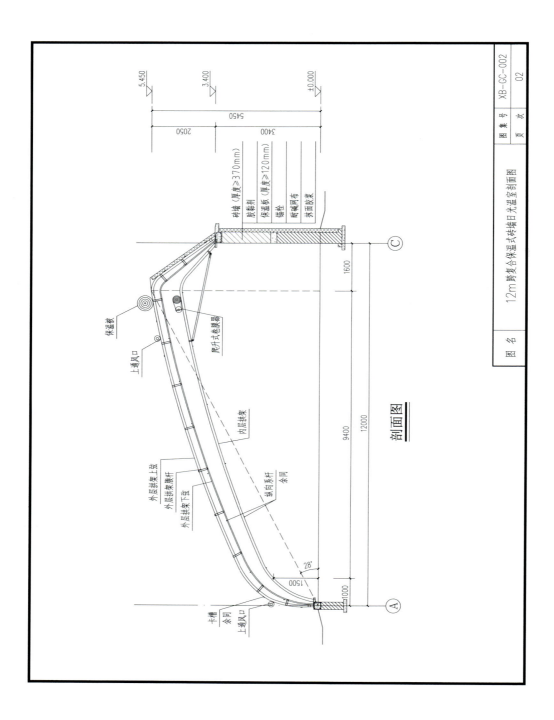

剖面图

XB-GC-003　10m跨热泵辅助加温式柔性墙体日光温室

1.基本特点

1.1　适用区域

该类型温室适用于北纬35°～42°、室外最低温度不低于−26℃的南疆、东疆地区，主要用于果菜类蔬菜越冬生产。

1.2　主体参数

温室跨度10.0m，前屋面角29°～33°，脊高4.8～5.4m，后墙高3.8～4.5m，后屋面角42°～57°，距前屋面底脚0.5m处的室内净高宜为1.5～1.8m。温室方位宜取南偏西6°左右。

1.3　生产性能

冬季室外最低气温不低于−26℃时，利用空气能热泵主动蓄放热系统，室内环境能满足果菜类蔬菜正常生长。

2.温室方案

2.1　结构形式

温室屋面拱架和北墙立柱宜采用热镀锌椭圆管，壁厚不小于2.0mm。室内无立柱。屋面纵向系杆通常采用热镀锌圆管，规格不低于ϕ20mm×1.5mm，布置间距不宜大于2.0m。骨架镀锌层不应低于200g/m²。主体结构应按照《农业温室结构荷载规范》（GB/T 51183）进行荷载取值，并根据《农业温室结构设计标准》（GB/T 51424）进行结构计算，设计使用年限不低于10年。

2.2　墙体做法

温室北墙、山墙及后屋面围护材料均采用柔性保温材料，厚度宜为7～10cm，热阻不宜小于3.0 m²·K/W，材料正常使用寿命不应低于10年。柔性保温材料应与主体结构牢固连接，接缝处应做好密封。

2.3　基础做法

根据土质及地下水位情况，宜采用螺旋桩基础或现浇钢筋混凝土柱独立基础，埋深宜大于冻土层深度且不宜低于0.5m，基础顶端采用通长角铁连接。基础外侧采用挤塑聚苯乙烯泡沫板（密度不宜小于20kg/m³）或柔性保温材料作为土壤防寒保温层，埋深宜超过冻土层。

2.4　施工要点

主体骨架、纵向系杆、斜撑杆等构件之间采用专用热镀锌连接件装配固定。骨架与基础顶端角铁可以采用焊接，焊接点须进行有效防锈处理。

3 装备方案

3.1 外保温系统

根据温室长度,一般选择中置自走式卷被方式,宜配置行程(限位)开关实现卷被电机自锁。保温被宜选用面料抗老化、不吸水材料,厚度不宜小于5cm,热阻不宜低于1.5 $m^2 \cdot K/W$。

3.2 卷膜通风系统

宜在温室前屋面屋脊下方及前底角各设置一道通风口,宽度宜为1.0 ~ 1.5m。上风口上沿与屋脊的距离宜为1.0m,下风口下沿距离室内地面的高度宜为0.5 ~ 0.8m,上下风口均安装防虫网。宜在上段膜及上风口下安装防兜水热镀锌钢丝网。上风口宜采用电动卷膜器,下风口宜采用手自一体化卷膜器。可结合智能放风控制系统,实现依据室内温度自动放风。

3.3 空气能热泵主动蓄放热系统

一般采用以水作为介质的热泵系统。空气能主机设备安装于温室内中部,导热地暖管埋设于室内地下。白天利用空气能主机吸收室内空气多余热能至介质中,介质在导热地暖管中循环将热量传导给室内地下土壤进行储存;夜间可利用空气能主机将土壤中的热量提取出来释放到室内空气中,或由其自然缓慢地释放至空气中。系统应由专业厂家设计和制造。

3.4 施肥灌溉系统

根据栽培方式和种植面积,合理选择比例施肥器、单通道施肥机或多通道施肥机等水肥一体化设备,灌溉方式可选择地面滴灌等。

3.5 环境智能监测系统

结合管理需求,温室内可安装空气温度、空气相对湿度、光照等多因子环境信息智慧感知设备,结合智能终端实现远程数据查看和统计分析。

3.6 物流运输装备

根据生产和管理需要,可配置电动轻简化运输车。

10m跨热泵辅助加温式柔性墙体日光温室

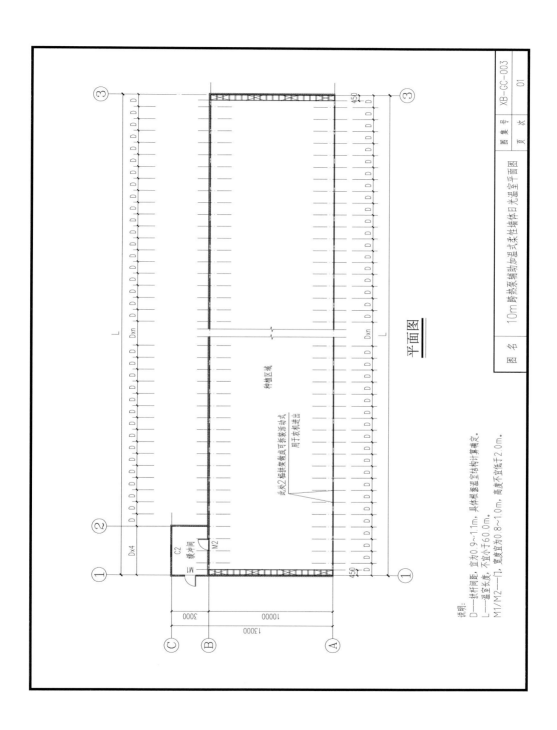

平面图

说明：
D——拱杆间距，宜为0.9～1.1m，具体根据温室结构计算确定。
L——温室长度，不宜小于60.0m。
M1/M2——门，宽度为0.8～1.0m，高度不宜低于2.0m。

图 名　10m跨热泵辅助加温式柔性墙体日光温室平面图

图集号　XB-GC-003

页　次　01

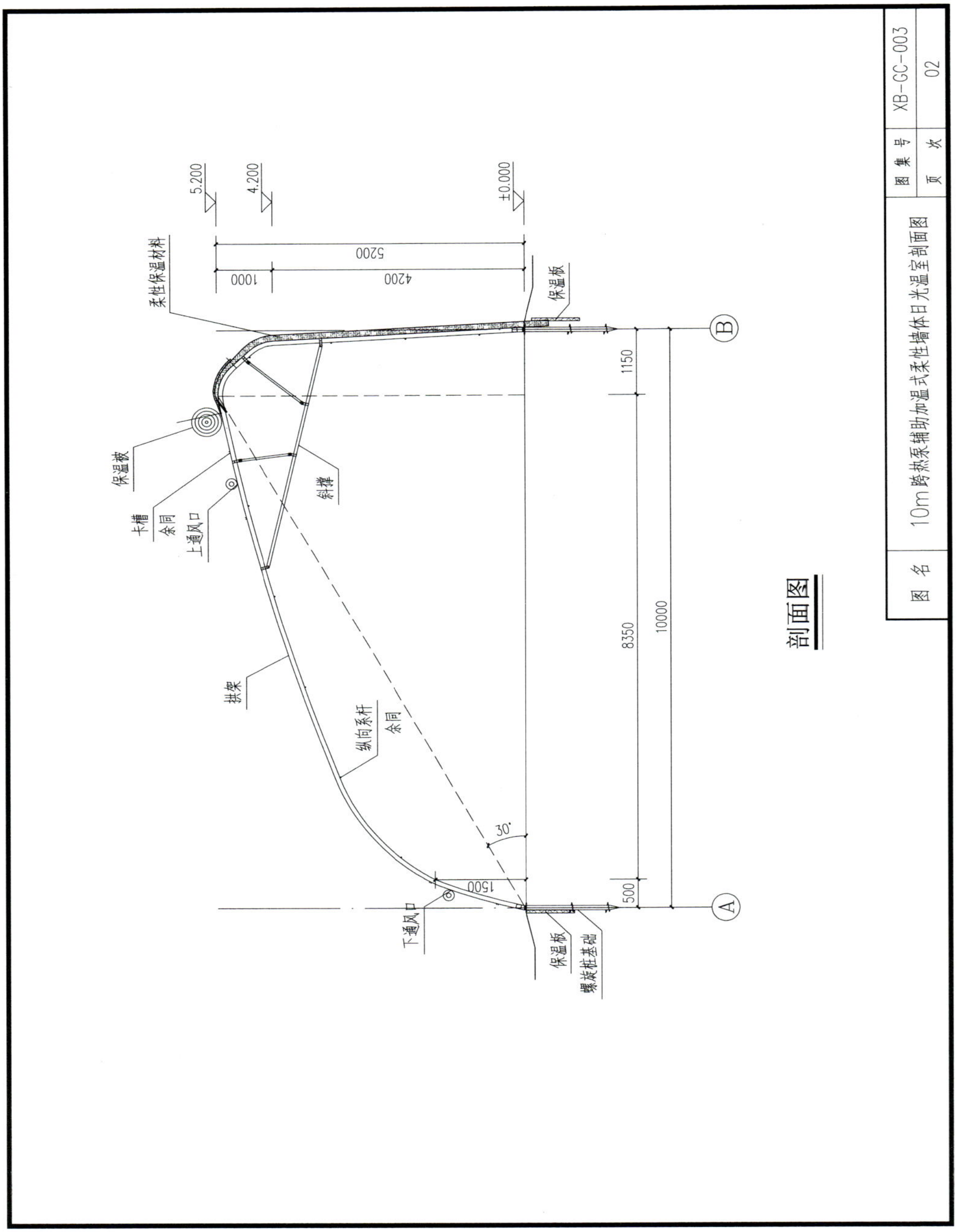
5.200
4.200
±0.000
5200
1000
4200
柔性保温材料
保温板
保温被
卡槽
余同
上通风口
斜撑
拱架
纵向系杆
余同
30°
1500
下通风口
保温板
螺旋桩基础
1150
8350
10000
500
A
B
剖面图
图名 10m跨热泵辅助加温式柔性墙体日光温室剖面图
图集号 XB-GC-003
页次 02

XB-GC-004 12m跨热泵辅助加温式柔性墙体日光温室

1.基本特点

1.1 适用区域

该类型温室适用于北纬35°~42°、室外最低温度不低于−21℃的南疆、东疆地区，主要用于果菜类蔬菜越冬生产。

1.2 主体参数

温室跨度12.0m，前屋面角28°~33°，脊高5.2~5.9m，后墙高4.2~4.6m，后屋面角36°~52°，距前屋面底脚0.5m处的室内净高宜为1.5~1.8m。温室方位宜取南偏西6°左右。

1.3 生产性能

冬季室外最低气温不低于−21℃时，利用空气能热泵主动蓄放热系统，室内环境能满足果菜类蔬菜正常生长。

2.温室方案

2.1 结构形式

温室屋面拱架和北墙立柱宜采用热镀锌椭圆管，壁厚不小于2.0mm。室内距后墙底脚4.5~5.0m处每间隔3~4榀拱架设一道支撑立柱。屋面纵向系杆通常采用热镀锌圆管，规格不低于$\phi 20mm×1.5mm$，布置间距不宜大于2.0m。骨架镀锌层不应低于200g/m²。主体结构应按照《农业温室结构荷载规范》（GB/T 51183）进行荷载取值，并根据《农业温室结构设计标准》（GB/T 51424）进行结构计算，设计使用年限不低于10年。

2.2 墙体做法

温室北墙、山墙及后屋面围护材料均采用柔性保温材料，厚度宜为7~10cm，热阻不宜小于3.0m²·K/W，材料正常使用寿命不应低于10年。柔性保温材料应与主体结构牢固连接，接缝处应做好密封。

2.3 基础做法

根据土质及地下水位情况，宜采用螺旋桩基础或现浇钢筋混凝土柱独立基础，埋深宜大于冻土层深度且不宜低于0.5m，基础顶端采用通长角铁连接。基础外侧采用挤塑聚苯乙烯泡沫板（密度不宜小于20kg/m³）或柔性保温材料作为土壤防寒保温层，埋深宜超过冻土层。

2.4 施工要点

主体骨架、纵向系杆、斜撑杆等构件之间采用专用热镀锌连接件装配固定。骨架与基础顶端角铁可以采用焊接，焊接点须进行有效防锈处理。

3 装备方案

3.1 外保温系统

根据温室长度，一般选择中置自走式卷被方式，宜配置行程（限位）开关实现卷被电机自锁。保温被宜选用面料抗老化、不吸水材料，厚度不宜小于5cm，热阻不宜小于1.5 $m^2 \cdot K/W$。

3.2 卷膜通风系统

宜在温室前屋面屋脊下方及前底角各设置一道通风口，宽度宜为1.0 ～ 1.5m。上风口上沿与屋脊的距离宜为1.0m，下风口下沿距离室内地面的高度宜为0.5 ～ 0.8m，上下风口均应安装防虫网。宜在上段膜及上风口下安装防兜水热镀锌钢丝网。上风口宜采用电动卷膜器，下风口宜采用手自一体化卷膜器。可结合智能放风控制系统，实现依据室内温度自动放风。

3.3 空气能热泵主动蓄放热系统

一般采用以水作为介质的热泵系统。空气能主机设备安装于温室内中部，导热地暖管埋设于室内地下。白天利用空气能主机吸收室内空气多余热能至介质中，介质在导热地暖管循环将热量传导给室内地下土壤进行储存；夜间可利用空气能主机将土壤中的热量提取出来释放到室内空气中，或由其自然缓慢地释放到空气中。系统应由专业厂家设计和制造。

3.4 施肥灌溉系统

根据栽培方式和种植面积，合理选择比例施肥器、单通道施肥机或多通道施肥机等水肥一体化设备，灌溉方式可选择地面滴灌等。

3.5 环境智能监测系统

结合管理需求，温室内可安装空气温度、空气相对湿度、光照等多因子环境信息智慧感知设备，结合智能终端实现远程数据查看和统计分析。

3.6 物流运输装备

根据生产和管理需要，可配置电动轻简化运输车。

12m跨热泵辅助加温式柔性墙体日光温室

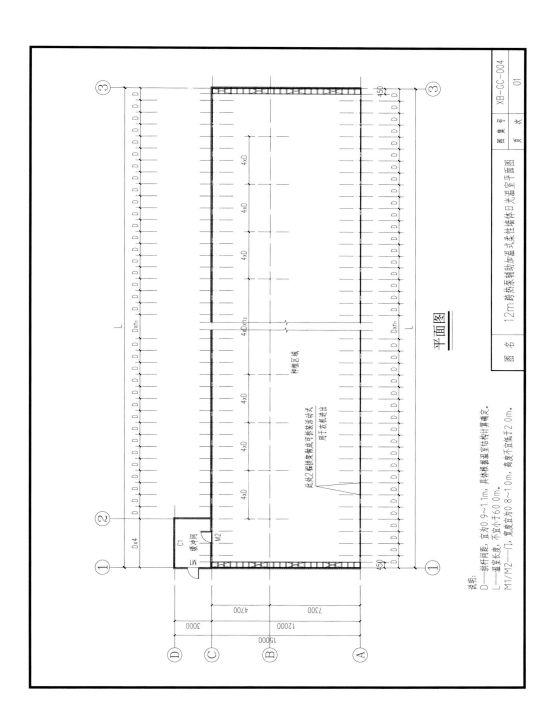

平面图

说明：
D——拱杆间距，宜为0.9~1.1m，具体根据温室结构计算确定。
L——温室长度，不宜小于60.0m。
M1/M2——门，宽宜为0.8~1.0m，高度不宜低于2.0m。

图名	12m跨热泵辅助加温式柔性墙体日光温室平面图	图集号	XB-GC-004
		页次	01

73

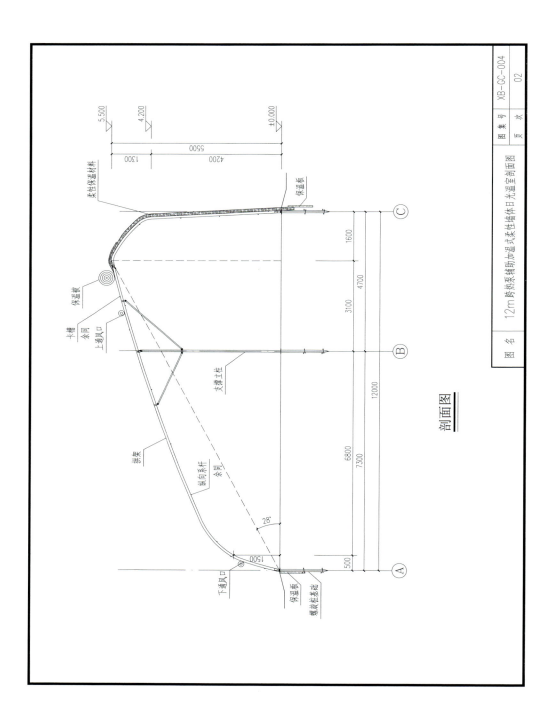

剖面图

| 图 名 | 12m跨热泵辅助加温式柔性墙体日光温室剖面图 | 图集号 | XB-GC-004 |
| | | 页 次 | 02 |

XB-GC-005　10m跨装配式复合蓄热保温墙体日光温室

1　基本特点

1.1　适用区域

该类型温室适用于北纬35°～39°、室外最低温度不低于-20℃的宁夏地区，主要用于果菜类蔬菜越冬生产。

1.2　主体参数

温室跨度10.0m，前屋面角29°～32°，脊高5.0～5.5m，后墙高3.5～4.0m，后屋面角40°～50°，距前屋面底脚0.5m处的室内净高宜为1.5～1.8m。温室朝向宜为南偏西5°～7°。

1.3　生产性能

冬季室外最低温度不低于-20℃时，利用主动蓄放热系统，室内温度一般不低于8℃，可满足果菜类蔬菜正常生长。

2　温室方案

2.1　结构形式

温室主体骨架宜采用上下弦桁架结构或单拱椭圆管结构。采用桁架结构时，上下弦可采用热镀锌加工C型钢（壁厚不小于1.8mm），或者热镀锌圆管（壁厚上弦不小于2.0mm，下弦不小于1.5mm）；腹杆可采用ϕ10～12mm热镀锌圆钢。采用椭圆管结构时，选用热镀锌材质，壁厚不小于2.0mm。屋面纵向系杆通常采用热镀锌圆管，规格不低于ϕ20mm×1.5mm，布置间距不宜大于2.0m。骨架镀锌层不应低于200g/m²。主体结构应按照《农业温室结构荷载规范》（GB/T 51183）进行荷载取值，并根据《农业温室结构设计标准》（GB/T 51424）进行结构计算，设计使用年限不低于10年。

2.2　墙体做法

后墙及东西山墙均采用双层钢骨架作为承重结构，墙体内侧宜采用厚度100mm的发泡水泥板填充，墙体外侧宜采用厚度100mm的挤塑乙烯泡沫板（密度不宜小于20kg/m³）填充，外墙内表面覆一层塑料薄膜，两道墙体之间的空腔内填充保温蓄热材料。围护墙体接缝处做好密封，表面做好防护。材料正常使用寿命不应低于10年。

2.3　基础做法

根据土质和地下水位情况，可采用螺旋桩基础或现浇钢筋混凝土柱独立基础，埋深宜大于冻土层深度且不宜低于0.5m，基础顶端采用通长角铁连接。基础外侧采用100mm厚挤塑聚苯乙烯泡沫板（密度不宜小于20kg/m³）或其他保温材料作为土壤防寒保温层，埋深宜超过冻土层。

2.4 施工要点

采用桁架结构时，主体骨架、纵向系杆、斜撑杆等构件之间可采用焊接，焊接点须进行有效防锈处理。采用椭圆管结构时，主体骨架、纵向系杆、斜撑杆等构件之间宜采用专用热镀锌连接件装配固定。骨架与基础预埋件/角铁之间可采用焊接，焊接点须进行有效防锈处理。墙体围护保温材料应与主体结构牢固连接，接缝处应做好密封。

3 装备方案

3.1 外保温系统

根据温室长度，一般选择中置自走式卷被方式，宜配置行程（限位）开关实现卷被电机自锁。保温被宜选用面料抗老化、不吸水材料，厚度不宜小于5cm，热阻不宜低于$1.0m^2 \cdot K/W$。

3.2 卷膜通风系统

宜在温室前屋面屋脊下方及前底角各设置一道通风口，宽度宜为1.0 ~ 1.5m。上风口上沿与屋脊的距离宜为1.0m，下风口下沿距离室内地面的高度不宜低于0.5m，上下风口均安装防虫网。宜在上段膜及上风口下安装防兜水热镀锌钢丝网。上风口宜采用电动卷膜器，下风口宜采用手自一体化卷膜器。可结合智能放风控制系统，实现依据室内温度自动放风。

3.3 主动蓄放热系统

根据生产需求，在北墙内安装主动式循环蓄放热系统，由风机（用于高温时段导入温室内部热空气）、PVC导热管道等组成。系统应由专业厂家设计和制造，并在棚体建造时同步施工安装。

3.4 施肥灌溉系统

根据栽培方式和种植面积，合理选择比例施肥器、单通道施肥机或多通道施肥机等水肥一体化设备，灌溉方式可选择地面滴灌等。

3.5 环境智能监测系统

结合管理需求，温室内可安装空气温度、空气相对湿度、光照等多因子环境信息智慧感知设备。

3.6 物流运输装备

根据生产和管理需要，可配置电动轻简化运输车。

10m跨装配式复合蓄热保温墙体日光温室

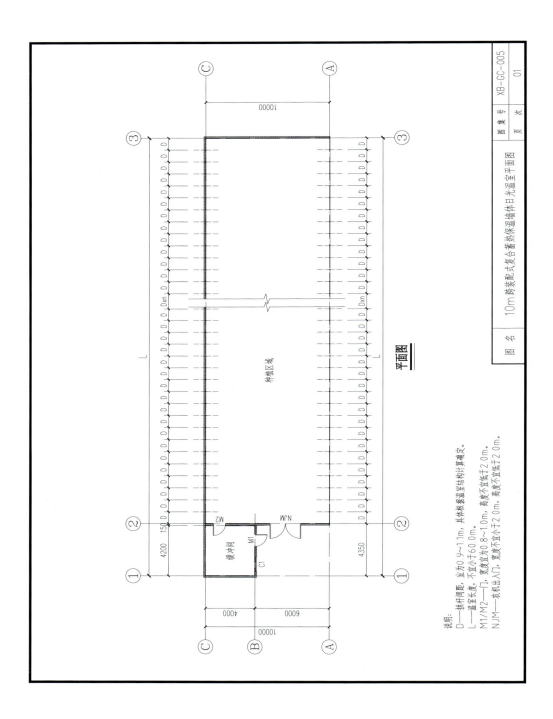

平面图

说明:
D——拱杆间距,宜为0.9~1.1m,具体根据温室结构计算确定。
L——温室长度,不宜小于60.0m。
M1/M2——门,宽度宜为0.8~1.0m,高度不宜低于2.0m。
NJM——农机出入门,宽度不宜小于2.0m,高度不宜低于2.0m。

图名 10m跨装配式复合蓄热保温墙体日光温室平面图

图集号 XB-CC-005

页次 01

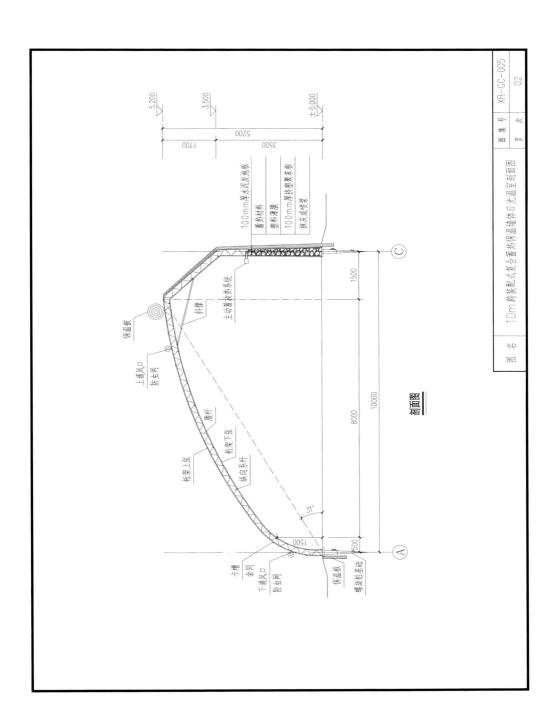

剖面图

XB-GC-006　12m跨多源蓄放热式柔性墙体日光温室

1　基本特点

1.1　适用区域

该类型温室适用于北纬35°～39°、室外最低温度不低于−20℃的宁夏地区，主要用于果菜类蔬菜越冬生产。

1.2　主体参数

温室跨度12.0m，前屋面角28°～31°，脊高5.2～6.0m，后墙高4.2～4.8m，后屋面角40°～50°，距前屋面底脚0.5m处的室内净高宜为1.5～1.8m。温室朝向宜为南偏西5°～7°。

1.3　生产性能

冬季室外最低气温不低于−20℃时，利用空气源和水源主动式蓄放热系统，室内温度一般不低于8℃，可满足果菜类蔬菜正常生长。

2　温室方案

2.1　结构形式

温室主体骨架可采用上下弦桁架结构或单拱椭圆管结构。采用桁架结构时，上弦宜采用热镀锌椭圆管，规格不宜低于ϕ25mm，壁厚不小于2.0mm；下弦可采用ϕ20mm热镀锌圆管，壁厚不小于2.0mm，或采用ϕ10～12mm热镀锌圆钢。腹杆可采用ϕ8～10mm热镀锌圆钢。采用椭圆管结构时，选用热镀锌材质，壁厚不小于2.0mm。屋面纵向系杆通常采用热镀锌圆管，规格不低于ϕ20mm×1.5mm，布置间距不宜大于2.0m。骨架镀锌层不应低于200g/m²。主体结构应按照《农业温室结构荷载规范》（GB/T 51183）进行荷载取值，并根据《农业温室结构设计标准》（GB/T 51424）进行结构计算，设计使用年限不低于10年。

2.2　墙体做法

温室北墙、山墙及后屋面的围护材料均采用柔性保温材料，厚度宜为6～10cm，热阻不宜小于2.0 m²·K/W，材料正常使用寿命不应低于10年。柔性保温材料应与主体结构牢固连接，接缝处应做好密封。

2.3　基础做法

根据土质及地下水位情况，宜采用螺旋桩基础或现浇钢筋混凝土柱独立基础，埋深宜大于冻土层深度且不宜低于0.5m，基础顶端采用通长角铁连接。基础外侧四周采用挤塑聚苯乙烯泡沫板（密度不宜小于20kg/m³）或柔性保温材料作为土壤防寒保温层，埋深应超过冻土层。

2.4 施工要点

采用桁架结构时，主体骨架、纵向系杆、斜撑杆等构件之间可采用焊接，焊接点须进行有效防锈处理。采用椭圆管结构时，主体骨架、纵向系杆、斜撑杆等构件之间宜采用专用热镀锌连接件装配固定。骨架与基础预埋件/角铁之间可采用焊接，焊接点须进行有效防锈处理。墙体围护保温材料应与主体结构牢固连接，接缝处应做好密封。

3 装备方案

3.1 外保温系统

根据温室长度，一般选择中置自走式卷被方式，宜配置行程（限位）开关实现卷被电机自锁，温室顶部屋脊处宜安装防过卷装置。保温被宜选用面料抗老化、不吸水材料，厚度不宜小于3cm，热阻不宜低于$1.0 \text{ m}^2 \cdot \text{K/W}$。

3.2 卷膜通风系统

宜在温室前屋面屋脊下方及前底角各设置一道通风口，宽度宜为1.0 ~ 1.5m。上风口上沿与屋脊的距离宜为1.0m，下风口下沿距离室内地面的高度不宜低于0.5m，上下风口均安装防虫网。宜在上段膜及上风口下安装防兜水热镀锌钢丝网。上风口宜采用电动卷膜器，下风口宜采用手自一体化卷膜器。可结合智能放风控制系统，实现依据室内温度自动放风。

3.3 水源主动式蓄放热系统

北墙内侧挂装吸放热黑色水袋，结合地埋保温储水箱（槽）及动力式水循环装置，白天将部分室内热能蓄积到水体中，并在夜间根据作物生长需要向室内释放热量进行补温。系统应由专业厂家设计和制造。

3.4 空气－土壤地中热交换系统

在温室内耕作层下埋置空气－土壤换热装置，利用动力循环的方式将温室内白天高温时段的部分热能蓄积到土壤中，提升土壤温度，在夜间及连阴天情况下向室内释放热量。

3.5 施肥灌溉系统

根据栽培方式和种植面积，合理选择比例施肥器、单通道施肥机或多通道施肥机等水肥一体化设备，灌溉方式可选择地面滴灌等。

3.6 环境智能监测系统

结合管理需求，温室内可安装空气温度、空气相对湿度、光照等多因子环境信息智慧感知设备。

3.7 物流运输装备

根据生产和管理需要，可配置电动轻简化运输车。

12m跨多源蓄放热式柔性墙体日光温室

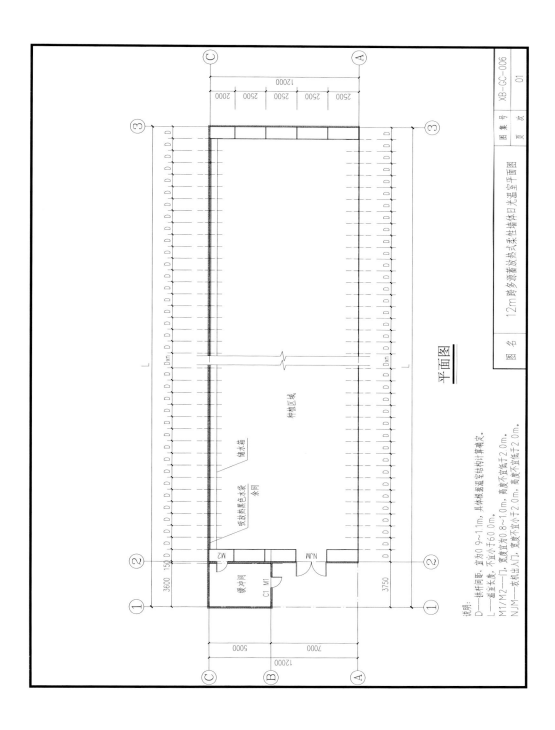

平面图

说明：
D——拱杆间距，宜为0.9～1.1m，具体根据温室结构计算确定。
L——温室长度，不宜小于60.0m。
M1/M2——门，宽度宜为0.8～1.0m，高度不宜低于2.0m。
NJM——农机出入门，宽度不宜小于2.0m，高度不宜低于2.0m。

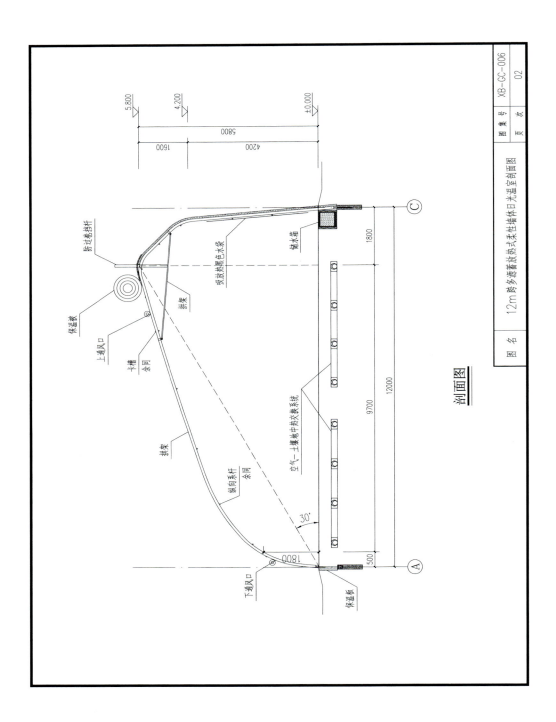

剖面图

图 名	12m跨多塘多墙蓄放热柔性墙体日光温室剖面图	图 集 号	XB-GC-006
		页 次	02

防过卷扫杆
保温被
上通风口
卡槽
余同
拱架
吸放热黑色水袋
储水桶
拱架
纵向系杆 余同
空气—土壤地中热交换系统
下通风口
保温板

XB-GC-007　12m跨多源蓄放热式沙石蓄热保温墙体日光温室

1　基本特点

1.1　适用区域

该类型温室适用于陕西、甘肃、青海等室外最低温度不低于−20℃的戈壁、沙漠地区，主要用于果菜类蔬菜越冬生产。

1.2　主体参数

温室跨度12.0m，前屋面角28°～31°，脊高5.5～6.0m，沙石蓄热后墙高不低于3m，距前屋面底脚0.5m处的室内净高宜为1.5～1.8m。

1.3　生产性能

冬季室外最低气温不低于−20℃时，利用太阳能真空管集热、土壤深层蓄热等主动蓄放热增温系统，室内环境能满足果菜类蔬菜正常生长。

2　温室方案

2.1　结构形式

温室后墙采用双层钢骨架结构，外层骨架宜采用热镀锌椭圆管，内层骨架可采用热镀锌椭圆管或矩形管；前屋面和后坡屋面拱架宜采用单拱热镀锌椭圆管结构，山墙骨架宜采用热镀锌矩形管结构；主体骨架壁厚不小于2.0mm。屋面纵向系杆通常采用热镀锌圆管，规格不低于$\phi20mm×1.5mm$，布置间距不宜大于2.0m。骨架镀锌层不应低于200g/m²。主体结构应按照《农业温室结构荷载规范》（GB/T 51183）进行荷载取值，并根据《农业温室结构设计标准》（GB/T 51424）进行结构计算，设计使用年限不低于10年。

2.2　墙体做法

温室后墙为钢骨架承重−沙石蓄热复合墙体结构，外侧覆盖防雨型加厚保温被，保温被厚度不宜小于8cm。东西山墙采用双层骨架分别覆盖防雨型加厚保温被或单层骨架外贴100mm厚聚氨酯彩钢板。围护材料与主体骨架应牢固连接，并应做好密封。材料正常使用寿命不应低于10年。

2.3　基础做法

根据土质及地下水位情况，温室四周可采用砖砌条形基础和混凝土圈梁，也可采用螺旋桩基础或现浇钢筋混凝土独立基础，埋深宜大于冻土层深度且不宜低于0.5m，独立基础顶端采用通长角铁连接。基础外侧采用挤塑聚苯乙烯泡沫板（密度不宜小于20kg/m³）或其他保温材料作为防寒保温层，埋深宜超过冻土层。室内立柱宜采用独立基础。

2.4 施工要点

主体骨架、纵向系杆、斜撑杆等构件之间宜采用专用热镀锌连接件装配固定。骨架与基础预埋件/角铁之间可以采用焊接，焊接点须进行有效防锈处理。

3 装备方案

3.1 外保温系统

根据温室长度，一般选择中置自走式卷被方式，宜配置行程（限位）开关实现卷被电机自锁，屋脊处宜安装防过卷装置。保温被宜选用面料抗老化、不吸水材料，厚度不宜小于3cm，热阻不宜小于$1.0\ m^2 \cdot K/W$。

3.2 卷膜通风系统

宜在温室前屋面屋脊下方及前底角各设置一道通风口，宽度宜为1.0～1.5m。上风口上沿与屋脊的距离宜为1.0～1.5m，下风口下沿距离室内地面的高度宜为0.5～0.6m，上下风口均安装防虫网。宜在上段膜及上风口下安装防兜水热镀锌钢丝网。上风口宜采用电动卷膜器，下风口宜采用手自一体化卷膜器。可结合智能放风控制系统，实现依室内温度自动放风。

3.3 太阳能真空管集热系统

在温室南侧地面安装太阳能真空管集热装置，在室内地下安装保温水罐蓄热装置，在温室内安装增温放热装置，用于白天集热、夜间放热，提高夜间室内空气温度。

3.4 温室土壤深层蓄热系统

在温室内地下2.0～2.5m处安装土壤深层蓄热装置，用于将白天温室内空气中的富余热量蓄积至深层土壤中，并在夜间及阴雨天向室内释放热量，提高室内空气温度。

3.5 水肥灌溉系统

根据栽培模式及种植面积，合理选择比例施肥器、单通道施肥机或多通道施肥机等水肥一体化设备。

3.6 环境智能监测系统

根据生产管理需求，室内安装空气温度、空气相对湿度、光照等多因子环境信息智能感知设备。

12m跨多源蓄放热式沙石蓄热保温墙体日光温室

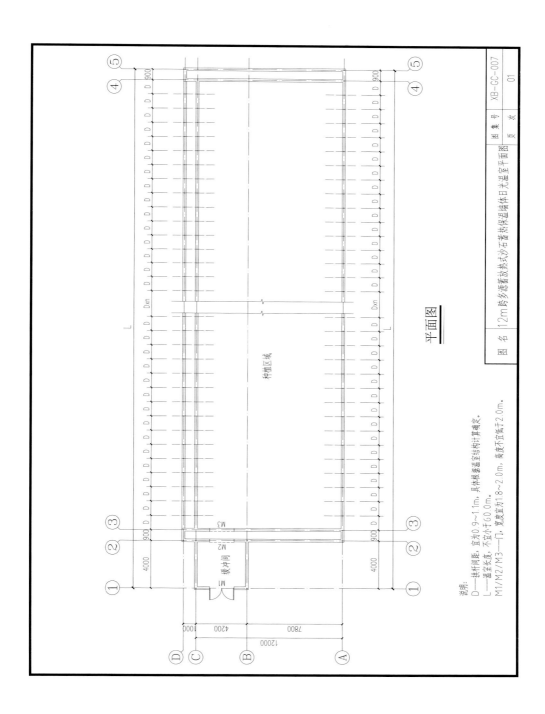

平面图

说明:
D——拱杆间距,宜为0.9~1.1m,具体根据棚型结构计算确定。
L——温室长度,不宜小于60.0m。
M1/M2/M3——门,宽度宜为1.8~2.0m,高度不宜低于2.0m。

图名	12m跨多源蓄放热式砂石蓄热保温墙体保温日光温室平面图	图集号	XB-GC-007
		页 次	01

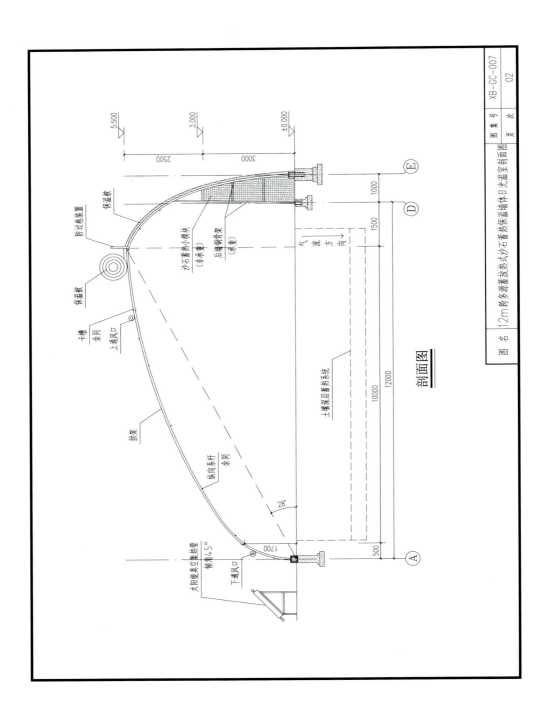

剖面图

图 名	12m跨多源综合蓄放热式沙石蓄热保温啮体热保温日光温室剖面图
图 集 号	XB-GC-007
页 次	02

XB-GC-008　14m跨多源蓄放热式柔性墙体日光温室

1　基本特点

1.1　适用区域

该类型温室适用于陕西、甘肃、青海等室外最低温度不低于-18℃的地区，主要用于果菜类蔬菜越冬生产。

1.2　主体参数

温室跨度14.0m，前屋面角26°～29°，脊高6.0～6.5m，距前屋面底脚0.5m处的室内净高宜为1.5～1.8m。

1.3　生产性能

冬季室外最低气温不低于-18℃时，利用太阳能真空管集热、土壤深层蓄热等主动蓄放热增温系统，室内环境能满足果菜类蔬菜正常生长。

2　温室方案

2.1　结构形式

温室前屋面拱架宜采用单拱热镀锌椭圆管结构，壁厚不小于2.0mm；后墙与后坡屋面一体呈弧形并采用双层钢骨架结构，骨架宜采用热镀锌椭圆管，壁厚不小于2.0mm，两层骨架之间的腹杆可采用ϕ25mm×1.5mm热镀锌圆管；山墙骨架宜采用热镀锌矩形管结构，壁厚不宜小于2.0mm。屋脊在室内投影往南2.5～3.0m处设一排支撑立柱，可采用热镀锌矩形管或圆管，壁厚不小于2.0mm，布置间距宜为4～6榀拱架。屋面纵向系杆通常采用热镀锌圆管，规格不低于ϕ20mm×1.5mm，布置间距不宜大于2.0m。骨架镀锌层不应低于200g/m²。主体结构应按照《农业温室结构荷载规范》（GB/T 51183）进行荷载取值，并根据《农业温室结构设计标准》（GB/T 51424）进行结构计算，设计使用年限不低于10年。

2.2　墙体做法

温室后墙及东西山墙均采用双层保温墙体结构，围护材料均采用防雨型轻质复合保温被，厚度不宜小于8cm。围护材料与主体骨架应牢固连接，并应做好密封。材料正常使用寿命不应低于10年。

2.3　基础做法

根据土质及地下水位情况，温室四周可采用砖砌条形基础和混凝土圈梁，也可采用螺旋桩基础或现浇钢筋混凝土独立基础，埋深宜大于冻土层深度且不宜低于0.5m，独立基础顶端利用通长角铁连接。基础外侧采用挤塑聚苯乙烯泡沫板（密度不宜小于20kg/m³）或其他保温材料作为防寒保温层，埋深宜超过冻土层。

室内立柱宜采用独立基础。

2.4 施工要点

主体骨架、纵向系杆、斜撑杆等构件之间宜采用专用热镀锌连接件装配固定。骨架与基础预埋件/角铁之间可以采用焊接，焊接点须进行有效防锈处理。

3 装备方案

3.1 外保温系统

根据温室长度，一般选择中置自走式卷被方式，宜配置行程（限位）开关实现卷被电机自锁，屋脊处宜安装防过卷装置。保温被宜选用面料抗老化、不吸水材料，厚度不宜小于3cm，热阻不宜小于1.0 $m^2 \cdot K/W$。

3.2 卷膜通风系统

宜在温室前屋面屋脊下方及前底角各设置一道通风口，宽度宜为1.0～1.5m。上风口上沿与屋脊的距离宜为1.0～1.5m，下风口下沿距离室内地面的高度宜为0.5～0.6m，上下风口均安装防虫网。宜在上段膜及上风口下安装防兜水热镀锌钢丝网。上风口宜采用电动卷膜器，下风口宜采用手自一体化卷膜器。可结合智能放风控制系统，实现依室内温度自动放风。

14m跨多源蓄放热式柔性墙体日光温室

3.3 太阳能真空管集热系统

在温室南侧地面安装太阳能真空管集热装置，在室内地下安装保温水罐蓄热装置，在温室内安装增温放热装置，用于白天集热、夜间放热，提高夜间室内空气温度。

3.4 温室土壤深层蓄热系统

在温室内地下2.0～2.5m处安装土壤深层蓄热装置，用于将白天温室内空气中的富余热量蓄积至深层土壤中，并在夜间及阴雨天向室内释放热量，提高室内空气温度。

3.5 水肥灌溉系统

根据栽培模式及种植面积，合理选择比例施肥器、单通道施肥机或多通道施肥机等水肥一体化设备。

3.6 环境智能监测系统

根据生产管理需求，室内安装空气温度、空气相对湿度、光照等多因子环境信息智能感知设备。

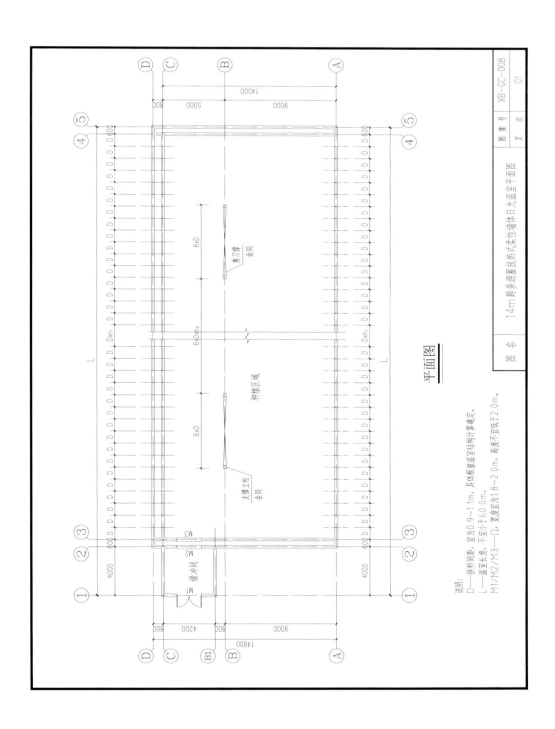

平面图

说明：
D——拱杆间距，宜为0.9~1.1m，具体根据温室结构计算确定。
L——温室长度，不宜小于60.0m。
M1/M2/M3——门，宽度宜为1.8~2.0m，高度不宜低于2.0m。

图 名	14m 跨多雾滴蓄放热式柔性墙体日光温室平面图	图集号	XB-GC-008
		页 次	01

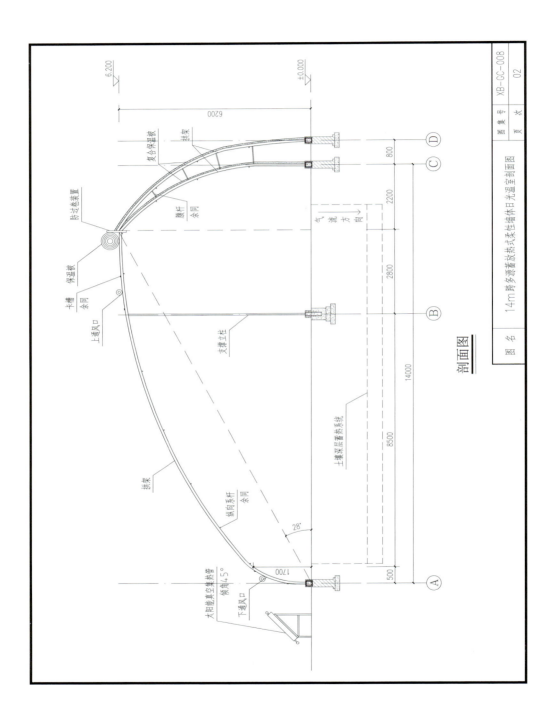

剖面图

图 名	14m跨多源蓄放热式柔性墙体日光温室剖面图	图集号	XB-GC-008
		页 次	02

XB-GC-009　16m跨多源蓄放热式柔性墙体日光温室

1　基本特点

1.1　适用区域

该类型温室适用于陕西、甘肃、青海等室外最低温度不低于−16℃的地区，主要用于果菜类蔬菜越冬生产。

1.2　主体参数

温室跨度16.0m，前屋面角25°～27°，脊高6.3～6.8m，距前屋面底脚0.5m处的室内净高宜为1.5～1.8m。

1.3　生产性能

在室外最低气温不低于−16℃时，温室利用太阳能真空管集热、土壤深层蓄热等主动蓄放热增温系统，室内环境能满足果菜类蔬菜正常生长。

2　温室方案

2.1　结构形式

温室前屋面拱架宜采用单拱热镀锌椭圆管结构，壁厚不小于2.0mm；后墙与后坡屋面一体呈弧形并采用双层钢骨架结构，宜采用热镀锌椭圆管，壁厚不小于2.0mm；两层骨架之间的腹杆可采用$\phi25mm \times 1.5mm$热镀锌圆管；山墙骨架宜采用热镀锌矩形管结构，壁厚不小于2.0mm。距前屋面底脚6.0m处和11.0m处各设一排支撑立柱，宜采用热镀锌矩形管或圆管，壁厚不小于2.0mm，布置间距宜为4～6榀拱架。屋面纵向系杆通常采用热镀锌圆管，规格不低于$\phi20mm \times 1.5mm$，布置间距不宜大于2.0m。骨架镀锌层不应低于$200g/m^2$。主体结构应按照《农业温室结构荷载规范》（GB/T 51183）进行荷载取值，并根据《农业温室结构设计标准》（GB/T 51424）进行结构计算，设计使用年限不低于10年。

2.2　墙体做法

温室后墙及东西山墙均采用双层保温墙体结构，围护材料采用防雨型轻质复合保温被，保温被厚度不宜小于8cm。围护材料与主体骨架应牢固连接，并应做好密封。材料正常使用寿命不应低于10年。

2.3　基础做法

根据土质及地下水位情况，温室四周可采用砖砌条形基础和混凝土圈梁，也可采用螺旋桩基础或现浇钢筋混凝土独立基础，埋深宜大于冻土层深度且不宜低于0.5m，独立基础顶端采用通长角铁连接。基础外侧采用挤塑聚苯乙烯泡沫板（密度不宜小于$20kg/m^3$）或其他保温材料作为防寒保温层，埋深宜超过冻土层。室内立柱宜采用独立基础。

2.4 施工要点

主体骨架、纵向系杆、斜撑杆等构件之间宜采用专用热镀锌连接件装配固定。骨架与基础预埋件/角铁之间可以采用焊接，焊接点须进行有效防锈处理。

3 装备方案

3.1 外保温系统

根据温室长度，一般选择中置自走式卷被方式，屋脊处应安装防过卷装置，宜配置行程（限位）开关实现卷被电机自锁。保温被宜选用面料抗老化、不吸水材料，厚度不宜小于3cm，热阻不宜小于$1.0 \text{ m}^2 \cdot \text{K/W}$。

3.2 卷膜通风系统

宜在温室前屋面屋脊下方及前底角各设置一道通风口，宽度宜为1.0～1.5m。上风口上沿与屋脊的距离宜为1.0～1.5m，下风口下沿距离室内地面的高度宜为0.5～0.6m，上下风口均应安装防虫网。宜在上段膜及上风口下安装防兜水热镀锌钢丝网。上风口宜采用电动卷膜器，下风口宜采用手自一体化卷膜器。可结合智能放风控制系统，实现依据室内温度自动放风。

3.3 太阳能真空管集热系统

在温室南侧地面安装太阳能真空管集热装置，在室内地下安装保温水罐蓄热装置，在温室内安装增温放热装置，用于白天集热、夜间放热，提高夜间室内空气温度。

3.4 温室土壤深层蓄热系统

在温室内地下2.0～2.5m处安装土壤深层蓄热装置，用于将白天温室内空气中的富余热量蓄积至深层土壤中，并在夜间及阴雨天向室内释放热量，提高室内空气温度。

3.5 水肥灌溉系统

根据栽培模式及种植面积，合理选择比例施肥器、单通道施肥机或多通道施肥机等水肥一体化设备。

3.6 环境智能监测系统

根据生产管理需求，室内安装空气温度、空气相对湿度、光照等多因子环境信息智能感知设备。

16m跨多源蓄放热式柔性墙体日光温室

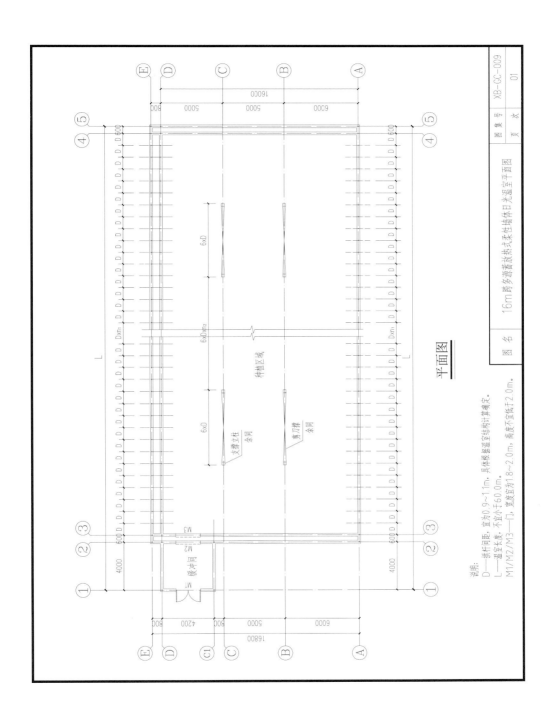

平面图

说明：
D——拱杆间距，宜为0.9～1.1m，具体根据温室全结构计算确定。
L——温室长度，不宜大于60.0m。
M1/M2/M3——门，宽度宜为1.8～2.0m，高度不宜低于2.0m。

图名	16m跨多源蓄放热式柔性墙体日光温室平面图
图集号	XB-GC-009
页 次	01

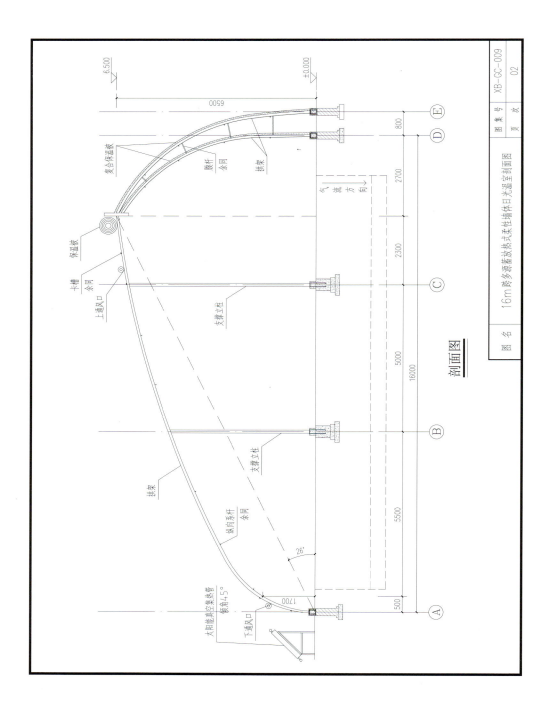

剖面图

图名 16m跨多源蓄热式柔性墙体日光温室剖面图

图集号 XB-GC-009

页次 02

全国设施蔬菜
主推棚型结构与工艺技术图册
Quanguo Sheshi Shucai
Zhutui Pengxing Jiegou yu Gongyi Jishu Tuce

五
长江中下游地区主推棚型
结构及工艺装备

（一）区域地理位置与气候特点

本区域地处秦岭–淮河以南、南岭–武夷山以北的长江中下游地区，包括湖北、湖南、江西、上海、浙江、江苏南部、安徽南部、福建西北部。可分为2个亚区：长江中游流域亚热带亚区，地处东经109°～117°，包括湖北、湖南、江西等地区；长江下游流域亚热带亚区，地处东经117°～122°，包括上海、浙江、江苏南部、安徽南部、福建西北部等地区。

本区域范围广、地理地貌复杂，光资源较为丰富，但不均匀，日照时数差异较大，大部分地区冬季寡照，年日照时数1 000～2 300h，年日照百分率30%～65%。热资源丰富，年太阳总辐射3 350～5 020MJ/m²，年平均气温10～20℃。年降水量800～2 000mm。属亚热带季风气候区，大部分地区地处0℃等温线以南，5℃等温线以北。主要气象灾害为冬春季阴雨寡照、夏季高温高湿等。

（二）主推棚型结构及工艺装备

本区域适宜发展单栋塑料大棚和冬保温夏降温式连栋塑料薄膜温室（配置"湿帘–风机"等主动调温系统的称为连栋塑料薄膜温室），在部分需要保温越冬的地区适度发展大跨度外保温塑料大棚。本区域设施具备保温、避雨、降温、降湿、防虫等性能，冬春季采用内/外保温方式栽培，夏季采用遮阳降温、湿帘风机降温栽培。

单栋塑料大棚跨度宜在8～12m，脊高宜为3.5～5.0m，以用于春季提早栽培和秋季延后栽培为主，夏季遮阳避雨（沿海防台风）、冬季保温。主推棚型详见通用型图集。

连栋塑料薄膜温室跨度宜为8m，开间4m。屋面可采用单层结构，也可采用双层结构以提高保温性能。单层结构的肩高不宜低于3.0m，脊高不宜低于5.0m；双层结构的肩高不宜低于4.0m，脊高不宜低于6.0m。宜配置外遮阳、内保温、湿帘风机、卷膜通风、高压弥雾、加温等环控装备。单层屋面结构主要用于蔬菜春提前、秋延后生产或育苗生产，在冬季最低气温不低于0℃的地区可实现叶菜类蔬菜越冬生产；双层屋面结构主要用于果菜类蔬菜冬春生产。在通风排湿要求较高的地区，通常采用锯齿形屋面结构棚室进行果菜类蔬菜冬春生产。主推棚型详见CJZX系列图集。

大跨度外保温塑料大棚包括南北走向对称结构和东西走向非对称结构2种型

式。主推棚型详见通用型图集。

CJZX-GC-001 8m跨圆拱型双层骨架内保温连栋塑料薄膜温室

1 基本特点

1.1 适用区域

该类型温室适用于长江中下游地区。冬季室外日平均气温不低于−5℃地区，通过合理茬口安排实现蔬菜周年生产。

1.2 主体参数

温室跨度8.0m、开间4.0m，内层骨架肩高不宜低于2.3m，拱架顶高不宜低于3.4米；外层骨架肩高不宜低于4.0m，拱架顶高不宜低于6.0m；外遮阳立柱高2.5m，温室总高度不宜低于6.5m。

1.3 生产性能

在冬季室外日平均气温−5℃时，通过双层屋面保温，室内无加温措施条件下果菜类蔬菜生产无冻害发生。

2 温室方案

2.1 结构形式

圆拱形屋面连栋温室结构，天沟宜南北走向。立柱采用热浸镀锌矩形管，主立柱壁厚不小于2.5mm，其他立柱壁厚不小于2.0mm；天沟壁厚不宜小于2.0mm。外层屋面拱架宜采用主副拱形式，主拱架间距同开间，宜采用热浸镀锌矩形管或热镀锌圆管，壁厚不小于2.0mm；副拱架间距不宜大于1.0m，宜采用热镀锌圆管，壁厚不小于1.5mm；内层屋面拱架宜采用热镀锌圆管，壁厚不小于2.0mm。冬季有雪地区，立柱和外层屋面拱架的壁厚应适当加大。其他支撑系杆采用热镀锌圆管或矩形管，壁厚不小于1.5mm。钢结构镀锌层不宜低于275g/m²。主体结构应按照《农业温室结构荷载规范》（GB/T 51183）进行荷载取值，并根据《农业温室结构设计标准》（GB/T 51424）进行结构计算，设计使用年限不低于15年。

2.2 覆盖做法

顶部内外双层屋面、四周立面均采用防流滴长寿塑料薄膜覆盖，以专用铝合金或热镀锌卡槽配卡簧固定。

2.3 基础做法

四周采用立柱下独立基础加圈梁，内部采用独立基础，埋深不宜小于0.5m。四周基础桩高出基准面300mm，与圈梁顶面平齐；内部基础桩顶低于基准面200 ~ 300mm，利于机械作业。柱脚与预埋件连接部位应做好有效防锈处理。

2.4 施工要点

主体骨架、纵向系杆、斜撑杆等钢构件之间采用专用热镀锌连接件装配式固定，立柱和基础预埋件之间可以采用焊接，所有焊接点须进行有效防锈处理。

3 装备方案

3.1 外遮阳系统

配置齿轮齿条电动式或钢索拉幕式外遮阳系统，幕布遮阳率不宜低于65%。

3.2 卷膜通风系统

在双层屋面屋脊两侧各设一道上通风口，宽度宜为1.0～1.5m，宜配置电动卷膜器。四周立面或东西侧立面各设一道侧通风口，宽度不宜小于1.5m，宜配置手自一体化卷膜器。在夏季高温高湿地区，通风口宽度应适当增大。所有通风口均安装防虫网。可结合智能放风控制系统，实现依据室内温度自动放风。

3.3 湿帘－风机降温系统

根据蔬菜作物特性和生产需要，配置湿帘－风机强制通风降温系统。湿帘宜安装于温室北墙，厚度不宜小于100mm，高度宜为1.5～2.0m；轴流风机宜对应安装于温室南墙，湿帘和风机外侧冬季应进行保温密封。风机侧与湿帘侧的距离不宜超过48.0m，在夏季高温高湿地区，风机侧与湿帘侧的距离不宜超过40.0m。有条件的地区可配置高压弥雾系统，增强蒸发降温效果。

3.4 内遮阳系统

根据蔬菜作物特性和生产需要，室内顶部水平横杆下配置齿轮齿条式或钢索拉幕式内遮阳系统，宜采用银色缀铝膜遮阳幕布。

3.5 水肥灌溉系统

根据栽培方式和种植面积，合理选择比例施肥器、单通道施肥机或多通道施肥机等水肥一体化设备。

3.6 环境智能监测系统

结合管理需求，棚内选配空气温度、空气相对湿度、光照、CO_2浓度、土壤温度、土壤含水率等多因子环境信息智慧感知设备，可结合智能终端实现远程数据查看和统计分析。

3.7 环境控制系统

配置环境控制柜，实现对外遮阳、内遮阳、湿帘风机、卷膜通风、灌溉等系统进行控制，宜具备手动和自动控制功能。

8m跨圆拱型双层骨架内保温连栋塑料薄膜温室

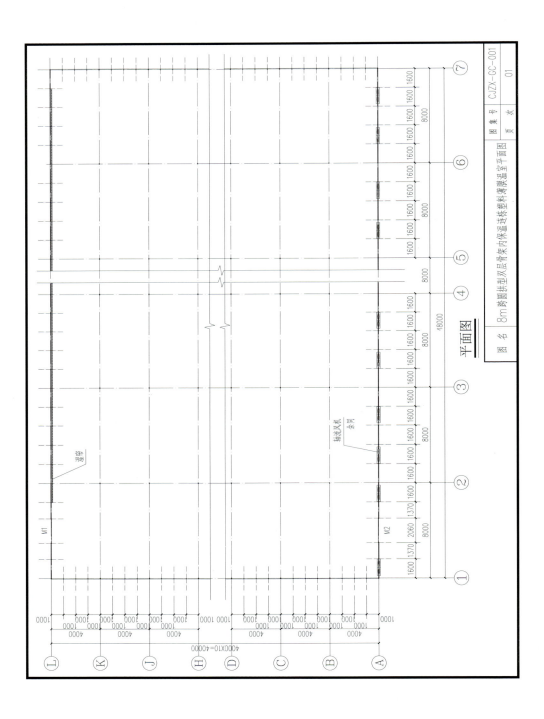

平面图

图　名	8m跨圆拱型双层骨架内保温连栋塑料薄膜温室平面图
图　集　号	CJZX-GC-001
页　次	01

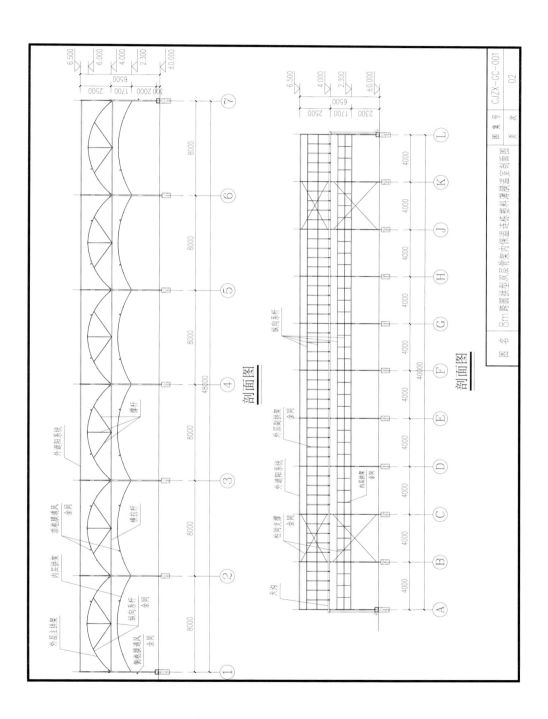

剖面图

剖面图

CJZX-GC-002 8m跨锯齿型双层骨架内保温连栋塑料薄膜温室

1 基本特点

1.1 适用区域

该类型温室适用于长江中下游地区。冬季室外日平均气温不低于-5℃地区，通过合理茬口安排实现蔬菜周年生产。

1.2 主体参数

温室跨度8.0m、开间4.0m，内层骨架肩高不宜低于2.5m，拱架顶高不宜低于3.0米；外层骨架肩高不宜低于3.5m，脊高不宜小于5.4m；温室总高度不宜小于5.7m。

1.3 生产性能

在冬季室外日平均气温-5℃时，通过双层屋面保温，室内无加温措施条件下果菜类蔬菜生产无冻害发生。

2 温室方案

2.1 结构形式

双坡屋面锯齿型连栋温室结构。立柱采用热浸镀锌矩形钢管，主立柱壁厚不小于2.5mm，其他立柱壁厚不小于2.0mm，冬季有雪地区，立柱壁厚应适当加大；天沟壁厚不宜小于2.0mm。外层屋面拱架宜采用$\phi32mm \times 2.5mm$热镀锌圆管，间距不宜大于1.0m；内层屋面拱架宜采用$\phi25mm \times 2.0mm$热镀锌圆管；其他支撑系杆采用热镀锌圆管或矩形管，壁厚不小于1.5mm。钢结构镀锌层不宜低于275g/m²。主体结构应按照《农业温室结构荷载规范》（GB/T 51183）进行荷载取值，并根据《农业温室结构设计标准》（GB/T 51424）进行结构计算，设计使用年限不低于15年。

2.2 覆盖做法

顶部内外双层屋面、四周立面均采用防流滴长寿塑料薄膜覆盖，以专用铝合金或热镀锌卡槽配卡簧固定。

2.3 基础做法

四周采用立柱下独立基础加圈梁，内部采用独立基础，埋深不宜小于0.5m。四周基础桩高出基准面300mm，与圈梁顶面平齐；内部基础桩顶低于基准面200～300mm，利于机械作业。柱脚与预埋件连接部位应做好有效防锈处理。

2.4 施工要点

主体骨架、纵向系杆、斜撑杆等钢构件之间采用专用热镀锌连接件装配式固定，立柱和基础预埋件之间可以采用焊接，所有焊接点须进行有效防锈处理。

3 装备方案

3.1 外遮阳系统

配置齿轮齿条式或钢索拉幕式电动外遮阳系统，幕布遮阳率不宜低于65%。

3.2 卷膜通风系统

在每跨外层屋面锯齿处各设一道天窗通风口，宽度不宜小于0.9m，配置电动卷膜器；在内层屋面屋脊两侧各设一道上通风口，宽度宜为1.5m，配置电动卷膜器。四周立面或东西立面各设一道侧通风口，宽度不宜小于1.5m，配置手自一体化卷膜器。在夏季高温高湿地区，通风口宽度应适当增大。所有通风口均安装防虫网。可结合智能放风控制系统，实现依据室内温度自动放风。

3.3 湿帘－风机降温系统

根据蔬菜作物特性和生产需要，配置湿帘－风机强制通风降温系统。湿帘宜安装于温室北墙，厚度不宜小于100mm，高度宜为1.5～2.0m；轴流风机宜对应安装于温室南墙，湿帘和风机外侧冬季应进行保温密封。风机侧与湿帘侧的距离不宜超过48.0m，在夏季高温高湿地区，风机侧与湿帘侧的距离不宜超过40.0m。有条件的地区可配置高压弥雾系统，增强蒸发降温效果。

3.4 内遮阳系统

根据蔬菜作物特性和生产需要，室内顶部水平横杆下配置齿轮齿条或钢索拉幕式内遮阳系统，宜采用银色缀铝膜遮阳幕布。

3.5 水肥灌溉系统

根据栽培方式和种植面积，合理选择比例施肥器、单通道施肥机或多通道施肥机等水肥一体化设备。

3.6 环境智能监测系统

结合管理需求，棚内选配空气温度、空气相对湿度、光照、CO_2浓度、土壤温度、土壤含水率等多因子环境信息智慧感知设备，可结合智能终端实现远程数据查看和统计分析。

3.7 环境控制系统

配置环境控制柜，实现对外遮阳、内遮阳、湿帘风机、卷膜通风、灌溉等系统进行控制，宜具备手动和自动控制功能。

8m跨锯齿型双层骨架内保温连栋塑料薄膜温室

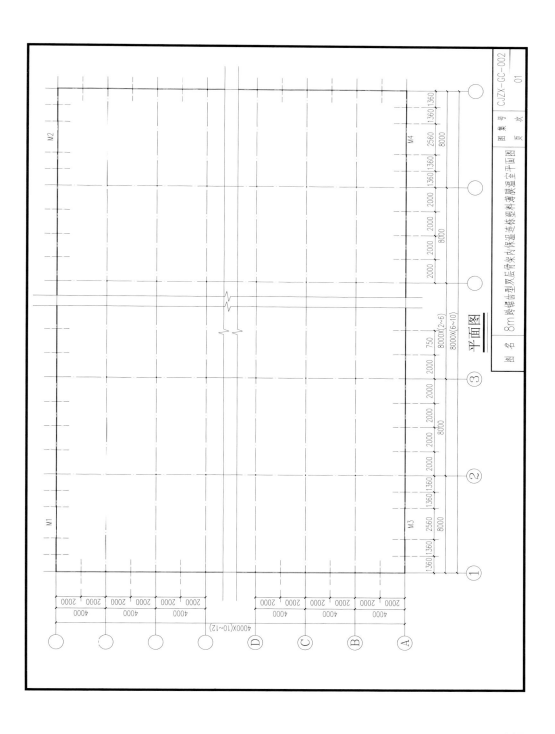

平面图

图名　8m跨锯齿型双层骨架内保温连栋塑料膜棚全平面图

图集号　CJZX-GC-002

页　次　01

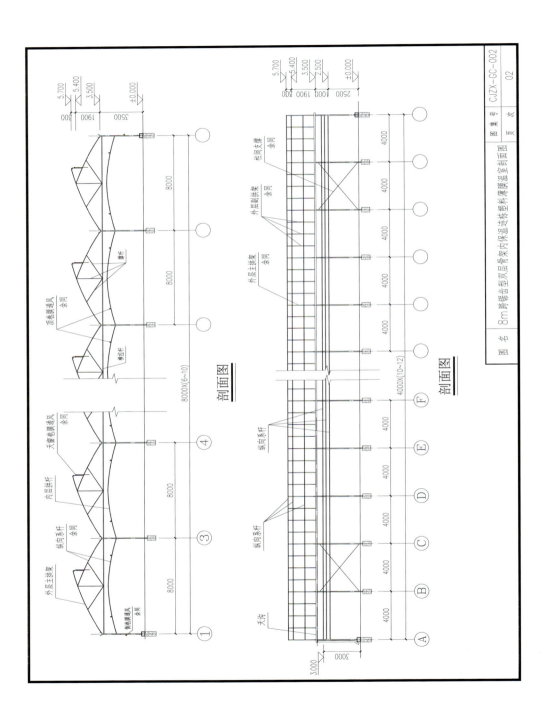

CJZX-GC-003　12m跨全开屋面型连栋塑料薄膜温室

1　基本特点

1.1　适用区域

该类型温室适用于长江中下游地区，冬季室外日平均气温不低于−5℃地区，通过合理茬口安排实现蔬菜周年生产。

1.2　主体参数

温室跨度12.0m、开间4.0m，肩高不宜低于4.0m，脊高不宜低于5.0m，外遮阳立柱高1.5m，温室总高度不宜低于5.5m。

1.3　生产性能

在冬季室外日平均气温−5℃时，利用内保温和侧保温系统，室内无加温措施条件下果菜类蔬菜生产无冻害发生。

2　温室方案

2.1　结构形式

文洛式（Venlo型）温室结构。立柱采用热浸镀锌矩形管，主立柱壁厚不小于3.0mm，其他立柱壁厚不小于2.5mm；天沟壁厚不宜小于2.0mm；桁架上下弦宜采用矩形管，壁厚不宜小于2.0mm，腹杆可采用矩形管或角钢，壁厚不宜小于2.0mm，桁架整体加工成型后热浸镀锌；其他支撑系杆可采用热镀锌矩形管，壁厚不宜小于1.5mm。钢结构镀锌层不宜低于275g/m²。主体结构应按照《农业温室结构荷载规范》（GB/T 51183）进行荷载取值，并根据《农业温室结构设计标准》（GB/T 51424）进行结构计算，设计使用年限不低于15年。

2.2　覆盖做法

顶部屋面和四周立面均采用防流滴长寿塑料薄膜覆盖，以专用铝合金或热镀锌卡槽配卡簧固定。

2.3　基础做法

四周采用立柱下独立基础加圈梁，内部采用独立基础，深埋不宜小于0.5m。四周基础桩高出基准面300mm，与圈梁顶面平齐；内部基础桩顶低于基准面200～300mm，利于机械作业。柱脚与预埋件连接部位应做好有效防锈处理。

2.4　施工要点

主体骨架、纵向系杆、斜撑杆等钢构件之间采用专用热镀锌连接件装配式固定，立柱和基础预埋件之间可以采用焊接，所有焊接点须进行有效防锈处理。

3　装备方案

3.1　外遮阳系统

配置齿轮齿条式或钢索拉幕式电动外遮阳系统，幕布遮阳率不宜低于65%。

3.2　自然通风系统

屋面设有齿轮齿条式双侧全开型电动顶开窗，四周立面或东西侧立面各设一道侧通风口，宽度不宜小于1.5m，所有通风口均安装防虫网，侧通风口配置手自一体化卷膜器。在夏季高温高湿地区，立面通风口宽度应适当增大。可结合智能放风控制系统，实现依据室内温度自动放风。

3.3　湿帘－风机降温系统

根据蔬菜作物特性和生产需要，配置湿帘－风机强制通风降温系统。湿帘宜安装于温室北墙，厚度不宜小于100mm，高度宜为1.5～2.0m；轴流风机宜对应安装于温室南墙，湿帘和风机外侧冬季应进行保温密封。风机侧与湿帘侧的距离不宜超过48.0m，在夏季高温高湿地区，风机侧与湿帘侧的距离不宜超过40.0m。有条件的地区可配置高压弥雾系统，增强蒸发降温效果。

3.4　内遮阳和内保温双层幕布系统

根据蔬菜作物特性和生产需要，室内桁架上弦配置齿轮齿条式或钢索拉幕式内遮阳系统，宜采用银色缀铝膜遮阳幕布。桁架下弦配置齿轮齿条式或钢索拉幕式内保温系统，宜采用温室专用轻质透光保温幕布。

3.5　侧保温系统

根据蔬菜作物特性和生产需要，四周立面可配置电动卷放式侧保温幕布系统。

3.6　水肥灌溉系统

根据栽培方式和种植面积，合理选择比例施肥器、单通道施肥机或多通道施肥机等水肥一体化设备。

3.7　环境智能监测系统

结合管理需求，棚内选配空气温度和空气相对湿度、光照、CO_2浓度、土壤温度、土壤含水率等多因子环境信息智慧感知设备，可结合智能终端实现远程数据查看和统计分析。

3.8　环境控制系统

配置环境控制柜，实现对外遮阳、内遮阳、内保温、侧保温、湿帘风机、卷膜通风、灌溉等系统进行控制，宜具备手动和自动控制功能。

12m跨全开屋面型连栋塑料薄膜温室

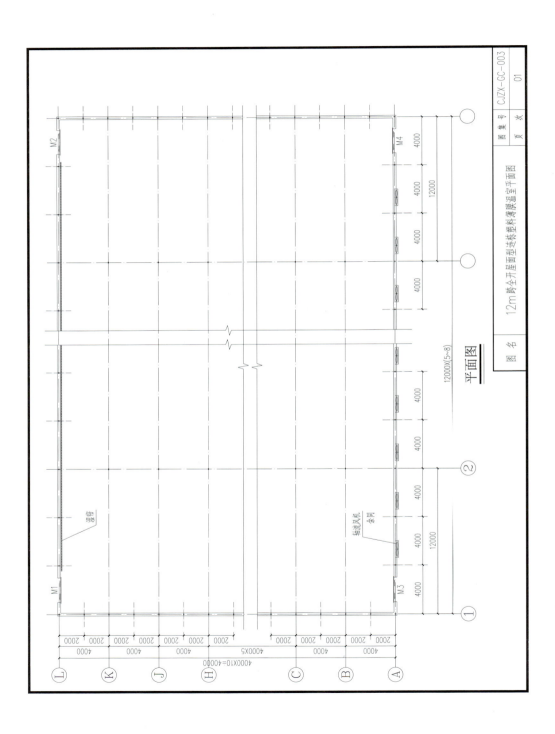

平面图

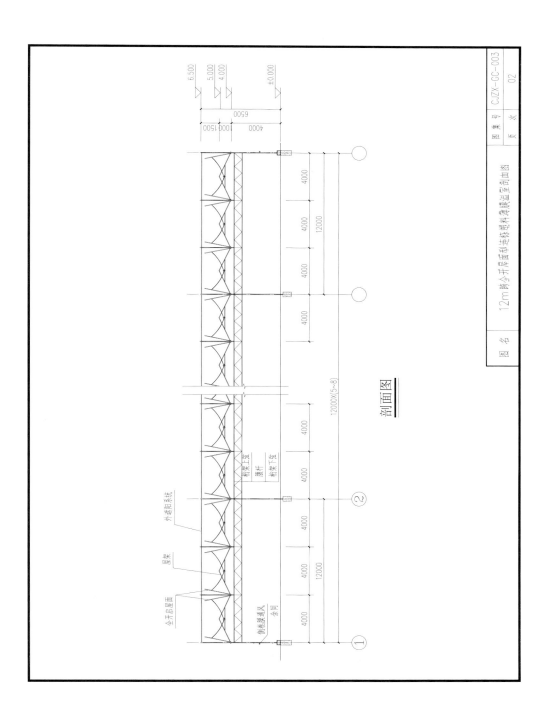

剖面图

图名 12m跨全开启屋面型连栋型塑料薄膜温室剖面图 图集号 CJZX-GC-003

页 次 02

113

全国设施蔬菜
主推棚型结构与工艺技术图册
Quanguo Sheshi Shucai
Zhutui Pengxing Jiegou yu Gongyi Jishu Tuce

六
华南地区主推棚型
结构及工艺装备

（一）区域地理位置与气候特点

本区域地处北纬18.5°～27°，东经105°～120°，南岭－闽江口以南地区，包括福建东南部、广东、广西、海南、云南中南部。可分为2个亚区：雷州半岛和海南热带亚区，地处北纬18.5°～21.5°，东经108°～111°，包括广东湛江市和海南省等地区；闽粤桂滇亚热带亚区，地处北纬21.5°～27°，东经98°～120°，包括福建东南部、广东、广西、云南中南部等地区。

本区域范围广、地理地貌复杂。无霜期200～320d。光资源较为丰富，但不均匀，日照时数差异较大，大部地区冬季寡照，年日照时数1 400～4 300h，年日照百分率35%～85%。热资源丰富，年太阳总辐射2 350～5 400MJ/m²，年平均气温17.4～26.8℃。年降水量1 000～2 000mm。属热带和亚热带季风气候区，大部分处于5℃等温线以南。主要气象灾害为冬春季阴雨寡照、夏季高温高湿等。

（二）主推棚型结构及工艺装备

本区域适宜发展宜机化、排湿降温式连栋塑料薄膜温室（配置"湿帘－风机"等主动调温系统的称为连栋塑料薄膜温室）和单栋塑料大棚，配置内外遮阳，具备遮阳、排湿、防雨、防虫、防台风等功能，重点开展遮阳降温避雨栽培。

连栋塑料薄膜温室单跨宜为8～10m，开间4m，肩高不宜低于4.0m，脊高不宜低于5.5m，屋面拱架宜采用锯齿型结构，以利于排湿，宜配置外遮阳、风机湿帘、卷膜通风系统，通过合理茬口安排可实现蔬菜周年生产。主推棚型详见HN系列图集。

单栋塑料大棚跨度宜在8～12m，以遮阳避雨防台风为主。主推棚型详见通用型图集。

HN-GC-001　8m跨锯齿型连栋塑料薄膜温室

1　基本特点

1.1　适用区域

该类型温室适用于华南地区，通过合理茬口安排实现蔬菜周年生产。

1.2　主体参数

温室跨度8.0m，开间4.0m，边立柱间距宜为2.0m，屋面拱架间距宜为2.0m，肩高不宜低于4.0m，脊高（锯齿顶）不宜低于6.0m，外遮阳立柱高2.5m，温室总高度不宜低于6.5m。

1.3 生产性能

通过卷膜自然通风、外遮阳系统，选配湿帘－风机强制通风系统或高压弥雾系统，具备遮阳、排湿、防雨、防虫等功能，室内环境可满足蔬菜正常生长。

2 温室方案

2.1 结构形式

双坡屋面锯齿型连栋温室结构。立柱宜采用热浸镀锌矩形钢管，主立柱壁厚不小于2.5mm，其他立柱壁厚不小于2.0mm；天沟壁厚不宜小于2.0mm；屋面拱架宜采用热镀锌圆管，壁厚不小于1.5mm；其他支撑系杆采用热镀锌圆管或矩形管，壁厚不小于1.5mm。钢结构镀锌层不宜低于275g/m²。主体结构应按照《农业温室结构荷载规范》（GB/T 51183）进行荷载取值，并根据《农业温室结构设计标准》（GB/T 51424）进行结构计算，设计使用年限不低于15年。

2.2 覆盖做法

顶部屋面及四周立面覆盖防流滴长寿塑料薄膜，采用专用铝合金或热镀锌卡槽配包塑卡簧固定。

2.3 基础做法

根据土质及地下水位情况，温室采用现浇钢筋混凝土独立基础或其他类型独立基础。温室四周独立基础之间宜自正负零以下0.2m处开始往上砌筑120mm厚砖墙，砌至高出室内地面0.3m，墙面水泥砂浆抹灰。

2.4 施工要点

主体骨架、纵向系杆、斜撑杆等钢构件之间宜采用专用热镀锌连接件装配式固定，立柱和基础预埋件之间可以采用焊接，所有焊接点须进行有效防锈处理。

3 装备方案

3.1 外遮阳系统

宜配置齿轮齿条式或钢索拉幕式电动外遮阳系统，遮阳网宜采用黑色编织遮光网，遮阳率不宜低于70%。

3.2 卷膜通风系统

在每跨屋面锯齿处各设一道上通风口，宽度宜为0.7m，宜配置电动卷膜器；在四周立面或东西立面分别设一道侧通风口，宽度宜为2.5m，宜配置手自一体化卷膜器。所有通风口均安装防虫网，并宜设加固防风网。可结合智能放风控制系统，实现依据室内温度自动放风。

3.3 湿帘－风机降温系统

根据蔬菜作物特性和生产需要，配置湿帘－风机强制通风降温系统。湿帘宜安装于温室北墙，厚度不宜小于100mm，高度宜为1.5～2.0m；轴流风机宜对应安装于温室南墙，湿帘和风机外侧冬季应进行保温密封。风机侧与湿帘侧的距离不宜超过40.0m。有条件的地区可配置高压弥雾系统，增强蒸发降温效果。

3.4 水肥灌溉系统

根据栽培方式和种植面积，合理选择比例施肥器、单通道施肥机或多通道施肥机等水肥一体化设备。

3.5 环境智能监测系统

结合管理需求，棚内选配空气温度、空气相对湿度、光照、CO_2浓度、土壤温度、土壤含水率等多因子环境信息智慧感知设备，可结合智能终端实现远程数据查看和统计分析。

3.6 环境控制系统

配置环境控制柜，实现对外遮阳、湿帘风机、卷膜通风、灌溉等系统进行控制，宜具备手动和自动控制功能。

8m跨锯齿型连栋塑料薄膜温室

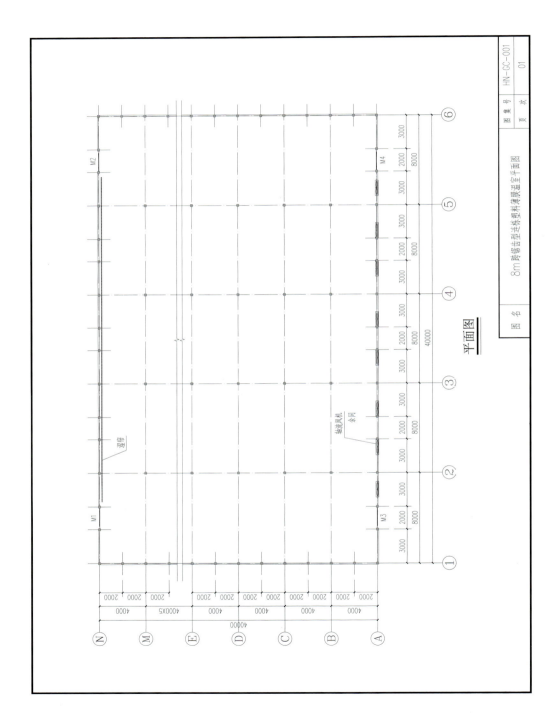

平面图

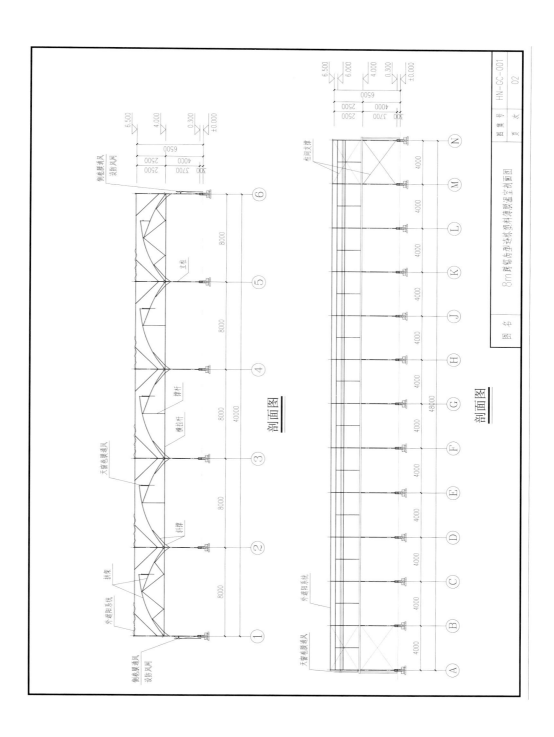

剖面图

剖面图

HN-GC-002   9.6m跨锯齿型连栋塑料薄膜温室

1   基本特点

1.1   适用区域

该类型温室适用于华南地区，通过合理茬口安排实现蔬菜周年生产。

1.2   主体参数

温室跨度9.6m，开间4.0m，边立柱间距宜为2.0m，屋面拱架间距宜为2.0m，肩高不宜低于4.0m，脊高（锯齿顶）不宜低于5.6m，温室总高度不宜低于6.2m。

1.3   生产性能

通过卷膜自然通风、外遮阳系统，选配湿帘－风机强制通风系统或高压弥雾系统，具备遮阳、排湿、防雨、防虫等功能，室内环境可满足蔬菜正常生长。

2   温室方案

2.1   结构形式

单坡屋面锯齿型连栋温室结构。立柱宜采用热浸镀锌矩形管，主立柱壁厚不小于2.5mm，其他立柱壁厚不小于2.0mm；天沟壁厚不宜小于2.0mm；屋面拱架宜采用热镀锌圆管，壁厚不小于1.5mm，其他支撑系杆采用热镀锌圆管或矩形管，壁厚不小于1.5mm。钢结构镀锌层不宜低于275g/m²。主体结构应按照《农业温室结构荷载规范》（GB/T 51183）进行荷载取值，并根据《农业温室结构设计标准》（GB/T 51424）进行结构计算，设计使用年限不低于15年。

2.2   覆盖做法

顶部屋面及四周立面覆盖防流滴长寿塑料薄膜，采用专用铝合金或热镀锌卡槽配包塑卡簧固定。

2.3   基础做法

根据土质及地下水位情况，温室采用现浇钢筋混凝土独立基础或其他类型独立基础。温室四周独立基础之间宜自正负零以下0.2m处开始往上砌筑120mm厚砖墙，砌至高出室内地面0.3m，墙面水泥砂浆抹灰。

2.4   施工要点

主体骨架、纵向系杆、斜撑杆等钢构件之间宜采用专用热镀锌连接件装配式固定，立柱和基础预埋件之间可以采用焊接，所有焊接点须进行有效防锈处理。

3 装备方案

3.1 外遮阳系统

宜配置齿轮齿条式或钢索拉幕式电动外遮阳系统，遮阳网宜采用黑色编织遮光网，遮阳率不宜低于70%。

3.2 卷膜通风系统

在每跨屋面锯齿处分别设置一道上通风口，宽度宜为1.5m，宜配置电动卷膜器；在四周立面或东西立面分别设置一道侧通风口，宽度宜为2.5m，宜配置手自一体化卷膜器。所有通风口均安装防虫网，并宜设加固防风网。可结合智能放风控制系统，实现依据室内温度自动放风。

3.3 湿帘－风机降温系统

根据蔬菜作物特性和生产需要，配置湿帘－风机强制通风降温系统。湿帘宜安装于温室北墙，厚度不宜小于100mm，高度宜为1.5 ~ 2.0m；轴流风机宜对应安装于温室南墙，湿帘和风机外侧冬季应进行保温密封。风机侧与湿帘侧的距离不宜超过40.0m。有条件的地区可配置高压弥雾系统，增强蒸发降温效果。

3.4 水肥灌溉系统

根据栽培方式和种植面积，合理选择比例施肥器、单通道施肥机或多通道施肥机等水肥一体化设备。

3.5 环境智能监测系统

结合管理需求，棚内选配空气温度、空气相对湿度、光照、CO_2浓度、土壤温度、土壤含水率等多因子环境信息智慧感知设备，可结合智能终端实现远程数据查看和统计分析。

3.6 环境控制系统

配置环境控制柜，实现对外遮阳、湿帘风机、卷膜通风、灌溉等系统进行控制，宜具备手动和自动控制功能。

9.6m跨锯齿型连栋塑料薄膜温室

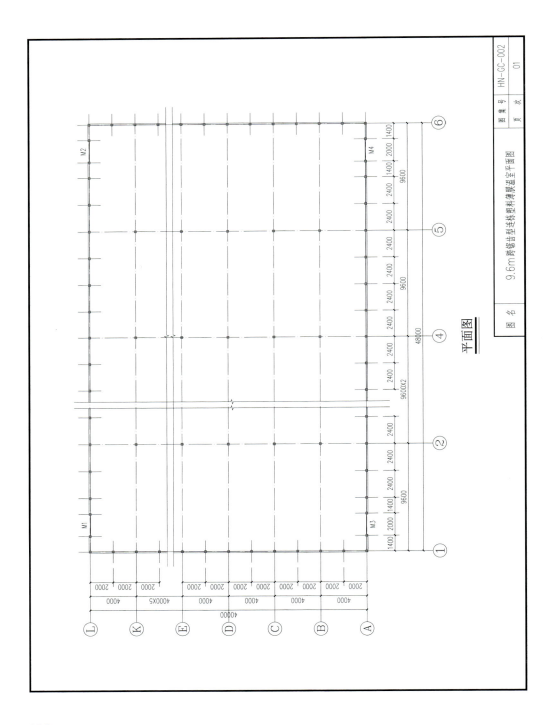

平面图

图集号	HN-CC-002
页 次	01

图名　9.6m跨铝合型连栋塑料薄膜温室平面图

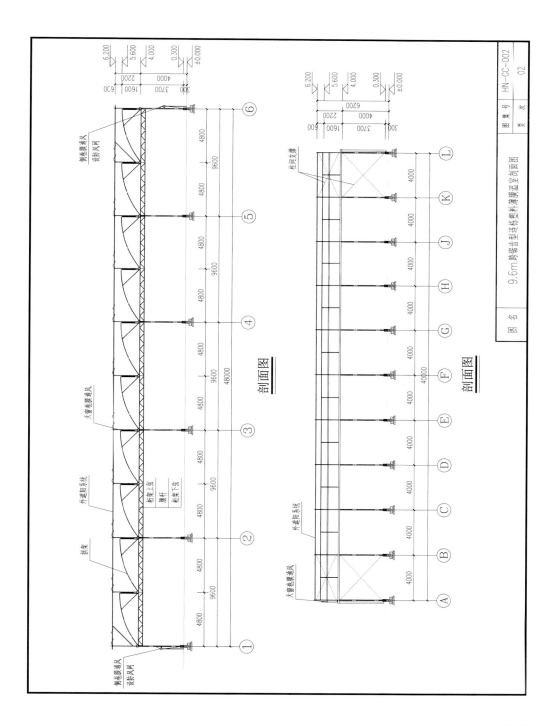

剖面图

剖面图

9.6m跨脊谷型连栋塑料薄膜温室剖面图

图集号 HN-CC-002

页次 02

全国设施蔬菜
主推棚型结构与工艺技术图册
Quanguo Sheshi Shucai
Zhutui Pengxing Jiegou yu Gongyi Jishu Tuce

七
西南地区主推棚型
结构及工艺装备

(一）区域地理位置与气候特点

本区域地处东经97°～110°，北纬21°～35°，主要包括四川、重庆、云南北部、贵州等地区。地形复杂，地带性和垂直变化明显，设施农业生产因地区气候不同，差别显著。可分为2个亚区：四川盆地及周边湿润亚热带亚区，包括重庆大部、四川中东部、贵州大部、云南东北部等地区；云贵高原亚热带亚区，包括四川攀枝花、云南昆明、贵州罗甸等低纬度亚热带区域。

本区域气候复杂、立体多样，大部分地区多雨，湿度大，多云雾，一般年降水量800～1 000mm。其中，四川盆地及周边湿润亚热带亚区全年温暖湿润，年平均气温16～18℃，冬暖夏热，年日照仅1 000～1 400h，主要气象灾害为干旱、阴雨低温、暴雨、冰雹和浓雾等。云贵高原亚热带亚区四季不明显，年日照时数为2 000～2 600h，主要气象灾害为干旱、冻雨、冰雹等。

(二）主推棚型结构及工艺装备

本区域适宜发展宜机、高透光型的单栋塑料大棚和冬保温夏降温式连栋塑料薄膜温室（配置"湿帘－风机"等主动调温系统的称为连栋塑料薄膜温室）与连栋塑料大棚，具有地块布置灵活、采光性能好的特性，具备遮阳、排湿、避雨等功能。

单栋塑料大棚跨度宜在8～12m，以夏季遮阳避雨、冬季防寒保温为主。主推棚型详见通用型图集。

连栋塑料薄膜温室和连栋塑料大棚单跨宜为8～10m（云南地区可加大到12.8m），开间4m，肩高不低于3.0m，脊高不宜低于4.5m，在四川西部、云南地区，棚室肩高和脊高应适当加高。连栋塑料薄膜温室可配置外遮阳、内遮阳、内保温、湿帘风机、卷膜通风等环控装备，连栋塑料大棚可配置外遮阳和卷膜通风系统。以自然通风降温为主的连栋塑料大棚3～5连栋为宜。在室外最低气温不低于0℃的地区，通过合理茬口安排进行蔬菜周年生产。在室外最低气温低于0℃的地区，可增加临时保温措施进行叶菜类蔬菜周年生产。主推棚型详见XN系列图集及通用型图集之TY-LDDP-001。

XN-YC-001　8m跨连栋塑料薄膜温室

1　基本特点

1.1　适用区域

该类型温室适用于西南室外最低气温不低于0℃的地区，通过合理茬口安排实现蔬菜周年生产。

1.2　主体参数

温室跨度8.0m，开间4.0m，肩高不宜低于3.0m，顶高不宜低于4.7m。在云南地区，温室跨度宜为8.0/9.6/10.8/12.8m，肩高不宜低于4.0m，顶高不宜低于5.9m。

1.3　生产性能

冬季室外最低气温不低于0℃时，室内无加温措施条件下，可进行叶菜类蔬菜正常生产。

2　温室方案

2.1　结构形式

圆拱形屋面连栋温室结构。在云南地区，屋面拱架结构也可采用桃形或锯齿形。立柱宜采用热浸镀锌矩形管，主立柱壁厚不小于2.5mm，其他立柱壁厚不小于2.0mm；天沟厚壁不宜小于2.0mm；屋面拱架宜采用热镀锌圆管，壁厚不小于1.5mm；其他支撑系杆采用热镀锌圆管或矩形管，壁厚不小于1.5mm。钢结构镀锌层不宜低于275g/m²。主体结构应按照《农业温室结构荷载规范》（GB/T 51183）进行荷载取值，并根据《农业温室结构设计标准》（GB/T 51424）进行结构计算，设计使用年限不低于15年。

2.2　覆盖做法

顶部屋面和四周立面均采用高透光防流滴长寿塑料薄膜覆盖，以专用铝合金或热镀锌卡槽配包塑卡簧固定。

2.3　基础做法

根据土质及地下水位情况，温室采用现浇混凝土独立基础或其他类型独立基础。

2.4　施工要点

主体骨架、纵向系杆、斜撑杆等钢构件之间宜采用专用热镀锌连接件装配式固定，立柱和基础预埋件之间可以采用焊接，所有焊接点须进行有效防锈处理。

3　装备方案

3.1　卷膜通风系统

拱顶屋脊两侧各设一道上通风口，宽度宜为1.5m，配置电动卷膜器，或采用屋脊蝶式连续电动开窗。四周立面或两侧立面各设一道侧通风口，宽度不宜小于1.5m，配置手自一体化卷膜器。在夏季高温高湿地区，侧通风口宽度应适当增大。所有通风口均安装防虫网。可结合智能放风控制系统，实现依据室内温度自动放风。

3.2 外遮阳系统

在四川西部、云南等光照条件良好的地区，可配置齿轮齿条式或钢索拉幕式电动外遮阳系统，幕布遮阳率一般不低于65%。

3.3 湿帘－风机降温系统

根据作物特性和生产需要，配置湿帘－风机强制通风降温系统。湿帘宜安装于温室北墙，厚度不宜小于100mm，高度宜为1.5～2.0m；轴流风机宜对应安装于温室南墙，湿帘和风机外侧冬季应进行保温密封。风机侧与湿帘侧的距离不宜超过48.0m，在夏季高温高湿地区，风机侧与湿帘侧的距离不宜超过40.0m。

3.4 内遮阳/内保温系统

根据生产需要，在室内顶部水平横杆下配置齿轮齿条式或钢索拉幕式内遮阳/内保温系统，幕布可采用银色缀铝膜遮阳幕布，或轻质无胶棉保温幕布。

3.5 水肥灌溉系统

根据栽培方式和种植面积，合理选择比例施肥器、单通道施肥机或多通道施肥机等水肥一体化设备。灌溉方式可选用地面滴灌或吊挂微喷。

3.6 环境智能监测系统

结合管理需求，棚内选配空气温度、空气相对湿度、光照、CO_2浓度、土壤温度、土壤含水率等多因子环境信息智慧感知设备，可结合智能终端实现远程数据查看和统计分析。

3.7 环境控制系统

配置环境控制柜，实现对外遮阳、内遮阳、内保温、湿帘风机、卷膜通风、灌溉等系统进行控制，宜具备手动和自动控制功能。

8m跨连栋塑料薄膜温室

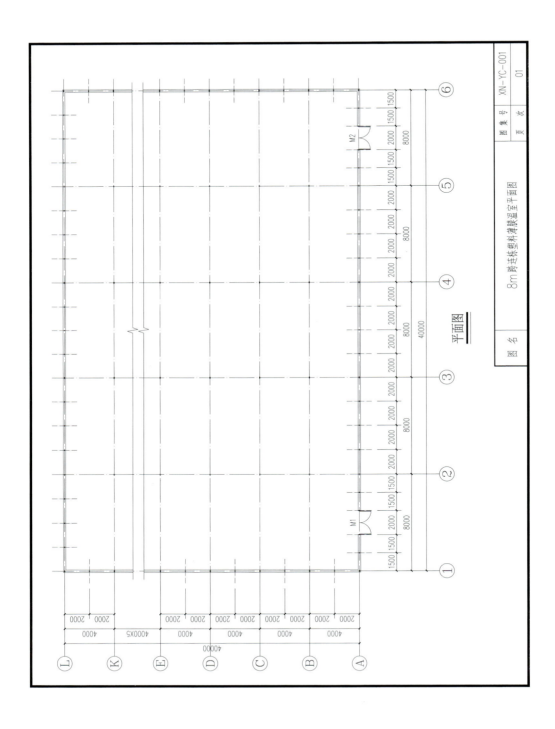

平面图

8m 跨连栋塑料薄膜温室平面图

图　名

图集号　XN-YC-001

页　次　01

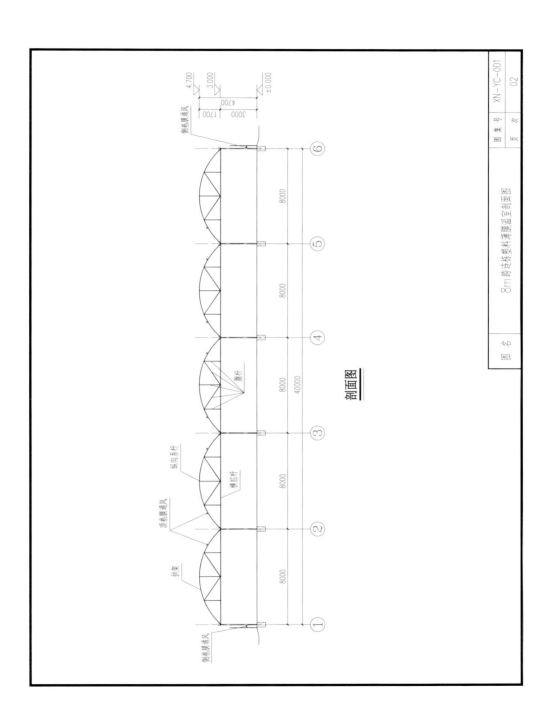

剖面图

全国设施蔬菜
主推棚型结构与工艺技术图册
Quanguo Sheshi Shucai
Zhutui Pengxing Jiegou yu Gongyi Jishu Tuce

八

通用型主推棚型
结构及工艺装备

（一）主要适宜应用区域

单栋塑料大棚、大跨度外保温塑料大棚和8m跨圆拱型塑料大棚等棚型结构具有结构简易、造价低廉、建造快速等优点，在黄淮海、长江中下游、华南等多个区域广泛用于蔬菜生产，也是当前推广规模较大的设施类型。为此，专门设置通用型图集板块进行单独介绍。

（二）主推棚型结构及工艺装备

单栋塑料大棚适于全国范围，跨度宜在8～12m，脊高宜在3.5～5.0m，肩高不宜低于1.8m。大棚之间的距离，跨度方向不宜小于1.5m，长度方向不宜小于3.0m。在东北、黄淮海、西北地区，室外最低气温≥0℃时主要用于蔬菜的春提前、秋延后生产。在长江中下游、华南、西南地区，以夏季遮阳避雨、冬季防寒保温为主，主要用于叶菜类蔬菜周年生产或果菜类蔬菜春提前、秋延后生产。主推棚型详见TY-DP系列图集。

连栋塑料大棚适于北纬42°以南地区，单跨宜在8～10m，开间4m，肩高不宜低于3.0m，脊高不宜低于4.5m，在南方地区尤其是夏季高温高湿地区，肩高和脊高应适当增高。宜配置内保温、外遮阳等环境调控装备。以自然通风降温为主的连栋塑料大棚，3～5连栋为宜。在黄淮海、西北地区，主要用于叶菜类蔬菜越冬生产或果菜类蔬菜春提前、秋延后生产，也可用于种苗繁育；在长江中下游、西南、华南地区，通过合理茬口安排可实现蔬菜周年生产。主推棚型详见TY-LDDP系列图集。

大跨度外保温塑料大棚适于北纬32°～38°、室外最低气温不低于−20℃的地区，包括南北走向对称结构和东西走向非对称结构2种型式。南北走向对称结构外保温塑料大棚跨度宜在20～24m，脊高宜在6.0～7.0m；东西走向非对称结构外保温塑料大棚跨度宜在16～20m，脊高宜在5.5～6.5m。室内可以设置1～2排立柱，立柱的位置不应妨碍机械化作业，顶部应设置通风口。在室外最低气温不低于−20℃的地区，主要用于叶菜类蔬菜越冬生产；在室外最低气温不低于−10℃的地区，主要用于果菜类蔬菜越冬生产。主推棚型详见TY-BWDP系列图集。

TY-DP-001 8m跨塑料大棚

1 基本特点

1.1 适用区域

该类型大棚适用于东北、黄淮海、西北、长江中下游、华南、西南地区。在室外最低气温不低于0℃的地区，主要用于蔬菜周年生产。在其他地区，主要用于蔬菜春提前、秋延后生产。

1.2 主体参数

大棚宜南北走向，跨度8.0m，长度宜为40.0～80.0m，脊高不宜低于3.5m，距离两侧底脚中心0.5m处的室内净高不宜低于1.8m。

1.3 生产性能

室外夜间平均气温不低于5℃时，室内无加温条件下果菜类蔬菜生产无冻害发生；室外夜间平均气温不低于0℃时，室内无加温条件下叶菜类蔬菜生产无冻害发生。

2 温室方案

2.1 结构形式

主体骨架宜采用单杆热镀锌圆管或热镀锌椭圆管，壁厚不宜小于2.0mm。风雪载荷较大地区，拱架壁厚应适当加大，宜增设加强横拉杆及斜撑，采用热镀锌圆管，规格不宜小于$\phi32mm \times 1.5mm$。屋面纵向系杆宜采用热镀锌圆管，不应少于3道，规格不低于$\phi20mm \times 1.5mm$。骨架镀锌层不应低于$200g/m^2$。作物吊挂荷载不宜作用于温室主体结构上。主体结构应按照《农业温室结构荷载规范》（GB/T 51183）进行荷载取值，并根据《农业温室结构设计标准》（GB/T 51424）进行结构计算，设计使用年限不低于10年。

2.2 覆盖做法

选用防流滴长寿PO、PE或EVA塑料薄膜作为屋面透光覆盖材料，以专用卡簧卡槽固定。

2.3 基础做法

根据土质及地下水位情况，宜采用预制混凝土柱独立基础或螺旋桩基础。在土质坚硬地区，可采用将骨架柱脚埋置于土壤中再夯实土壤地基的做法，入土深度不宜低于0.6m。在风荷载较大地区，入土深度应视情况加深，或者采用混凝土独立基础或条形基础。

2.4 施工要点

拱架宜在工厂加工成型，拱架、纵向系杆、斜撑杆等所有钢构件之间采用专用热镀锌连接件装配式固定。局部不得不采用现场焊接时，应做好有效防锈处理。

3 装备方案

3.1 卷膜通风系统

宜在大棚两侧靠近底脚处设置通风口，宽度宜为1.0 ~ 1.5m，下沿距离底脚高度宜为0.3 ~ 0.5m，宜配置手自一体化卷膜器。在夏季高温高湿地区，宜同时在屋脊两侧各设置一道上通风口，宽度宜为1.0m，宜配置电动卷膜器，所有通风口均安装防虫网。可结合智能放风控制系统，实现依据室内温度自动放风。

3.2 保温系统

根据生产需要，可配置内保温系统。

3.3 水肥灌溉设备

根据栽培方式和种植面积，合理选择施肥注入泵、比例施肥器、单通道施肥机等水肥一体化设备。灌溉方式可选择地面滴灌或吊挂微喷。

3.4 环境监测设备

根据生产管理需求，棚内可安装空气温度、空气相对湿度、光照等环境信息监测设备。

3.5 生产作业装备

根据生产和管理需要，可配置电动轻简化运输车、耕整地一体机、便携式植保设备等。

8m跨塑料大棚

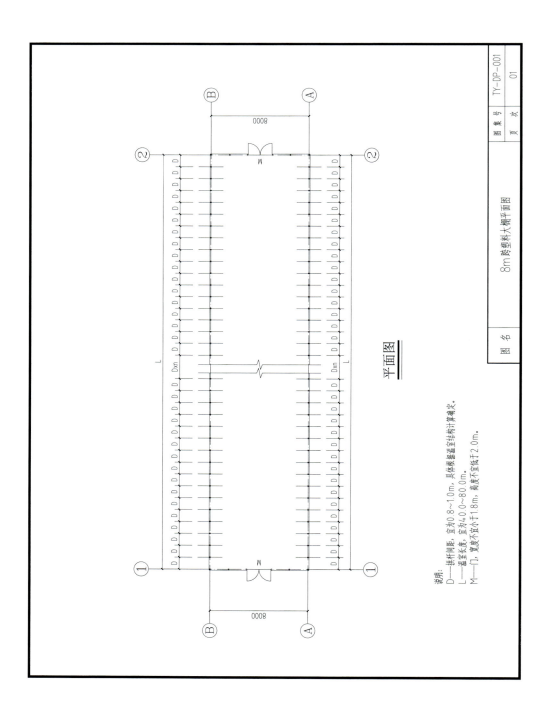

平面图

说明：
D——拱杆间距，宜为0.8~1.0m，具体根据温室室结构计算确定。
L——温室长度，宜为40.0~80.0m。
M——门，宽度不宜小于1.8m，高度不宜低于2.0m。

图集号 TY-DP-001
页 次 01

图 名 8m跨塑型料大棚平面图

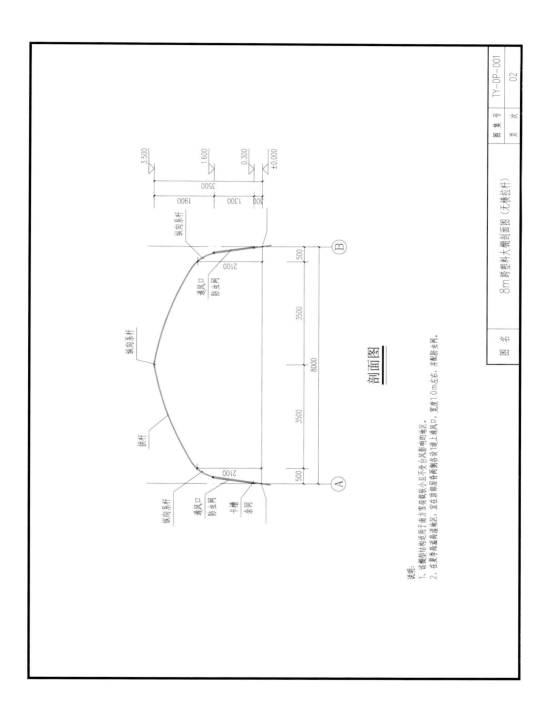

剖面图

说明:
1、该棚型结构适用于南方青较小且不受台风影响的地区。
2、在夏季高温高湿地区,宜在顶部屋脊两侧各设一道上通风口,宽度1.0m左右,并配防虫网。

图名	8m跨脚料大棚剖面图(无横拉杆)
图集号	TY-DP-001
页次	02

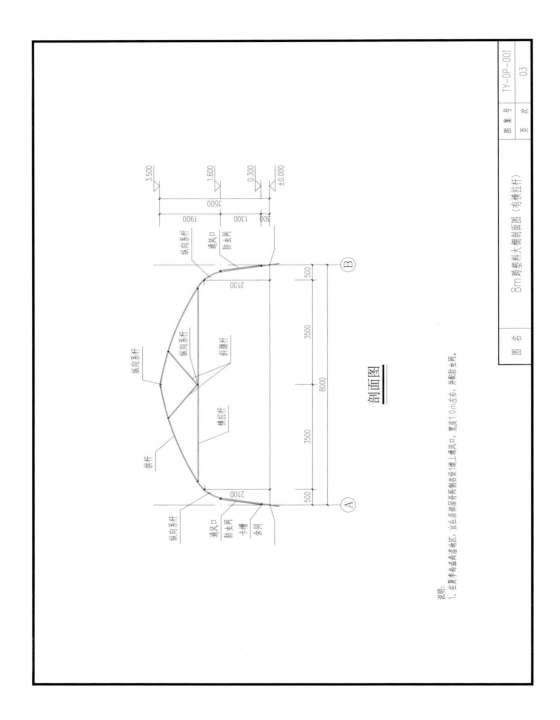

剖面图

说明：
1、在夏季高温高湿地区，宜在顶部屋脊两侧各设置通上通风口，宽度1.0m左右，并配防虫网。

图名	8m跨塑料大棚剖面图（有撑拉杆）
图集号	TY-DP-001
页次	03

TY-DP-002　10m跨塑料大棚 I

1　基本特点

1.1　适用区域

该类型大棚适用于东北、黄淮海、西北、长江中下游、华南、西南地区。在室外最低气温不低于0℃的地区，用于蔬菜周年生产。在其他地区，用于蔬菜春提前、秋延后生产。

1.2　主体参数

大棚宜南北走向，跨度10.0m，长度宜为40.0～80.0m，脊高不宜低于4.2m，距离两侧底脚中心0.5m处的室内净高不宜低于1.8m。

1.3　生产性能

室外夜间平均气温不低于5℃时，室内无加温条件下果菜类蔬菜生产无冻害发生；室外夜间平均气温不低于0℃时，室内无加温条件下叶菜类蔬菜生产无冻害发生。

2　温室方案

2.1　结构形式

主体骨架可全部采用上下弦桁架形式，也可采用主副拱形式。采用全桁架时，上弦可采用热镀锌圆管，规格不宜小于$\phi 25mm \times 2.0mm$，下弦可采用$\phi 10 \sim 12mm$热镀锌圆钢，腹杆可采用$\phi 8 \sim 10mm$圆钢。采用主副拱时，宜每间隔2榀副拱架设1榀主拱架，主拱架宜采用上下弦桁架结构，上弦可采用热镀锌圆管，规格不宜小于$\phi 25mm \times 2.0mm$；下弦可采用$\phi 20mm \times 1.5mm$热镀锌圆管，也可采用$\phi 10 \sim 12mm$热镀锌圆钢；腹杆可采用$\phi 8 \sim 10mm$圆钢。副拱架宜采用热镀锌椭圆管，壁厚不小于2.0mm。雪荷载较小地区，主副拱架均可采用热镀锌椭圆管，壁厚不小于2.0mm。屋面纵向系杆宜采用热镀锌圆管，规格不低于$\phi 20mm \times 1.5mm$，布置间距不宜大于2.0m。骨架镀锌层不应低于$200g/m^2$。主体结构应按照《农业温室结构荷载规范》（GB/T 51183）进行荷载取值，并根据《农业温室结构设计标准》（GB/T 51424）进行结构计算，设计使用年限不低于10年。

2.2　覆盖做法

选用防流滴长寿PO、PE或EVA塑料薄膜作为屋面透光覆盖材料，以专用卡簧卡槽固定。

2.3　基础做法

根据土质及地下水位情况，宜采用预制混凝土柱独立基础或螺旋桩基础。在土质坚硬地区，可采用将骨架柱脚埋置于土壤中再夯实土壤地基的做法，入土深度不宜低于0.6m。在风荷载较大地区，入土深度应视情况加深，或者采用混凝土独立基础或条形基础。

2.4 施工要点

拱架宜在工厂加工成型，拱架、纵向系杆、斜撑杆等所有钢构件之间采用专用热镀锌连接件装配式固定。局部不得不采用现场焊接时，应做好有效防锈处理。

3 装备方案

3.1 卷膜通风系统

宜在大棚两侧靠近底脚处设置通风口，宽度宜为1.0 ~ 1.5m。下沿距离底脚的高度宜为0.3 ~ 0.5m，宜配置手自一体化卷膜器。在夏季高温高湿地区，宜同时在屋脊两侧各设置一道上通风口，宽度宜为1.0m，宜配置电动卷膜器。所有通风口均安装防虫网。可结合智能放风控制系统，实现依据室内温度自动放风。

3.2 保温系统

根据生产需要，可配置外保温或内保温系统。

3.3 水肥灌溉设备

根据栽培方式和种植面积，合理选择施肥注入泵、比例施肥器、单通道施肥机等水肥一体化设备。灌溉方式可选择地面滴灌或吊挂微喷。

3.4 环境监测设备

根据生产管理需求，棚内可安装空气温度、空气相对湿度、光照等环境信息监测设备。

3.5 生产作业装备

根据生产和管理需要，可配置电动轻简化运输车、耕整地一体机、便携式植保设备等。

10m跨塑料大棚Ⅰ

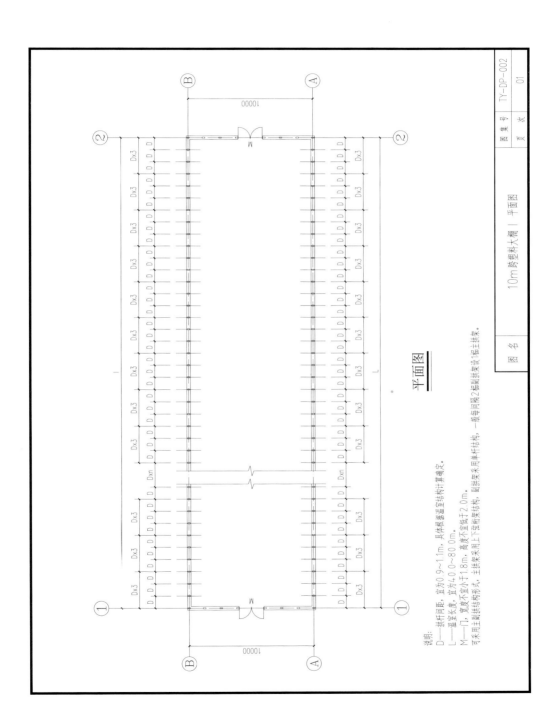

平面图

说明:
D——拱杆间距,宜为0.9~1m,具体根据温室结构计算确定。
L——温室长度,宜为40.0~80.0m。
M——门,宽度不宜小于1.8m,高度不宜低于2.0m。
可采用主副拱结构形式,主拱采用上弦桁架结构,副拱采用单杆结构,一般每间隔2幅副拱设1幅主拱架。

10000

10000

10m跨塑料大棚 I 平面图

图名

图集号 TY-DP-002

页 次 01

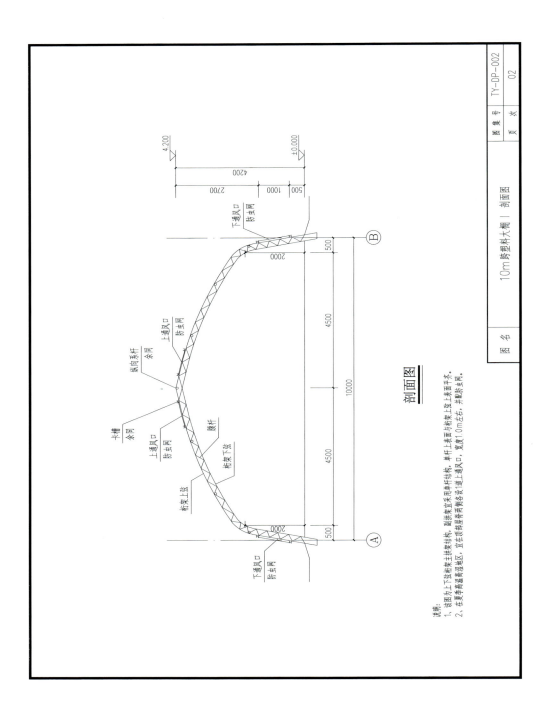

剖面图

说明：
1、该图为上下弦桁架主拱架结构，副拱架宜采用单杆件结构，单杆表面与桁架上弦上表面平齐。
2、在夏季高温高湿地区，宜在顶部程脊两侧各设1道上通风口，宽度1.0m左右，并挂防虫网。

| 图名 | 10m跨塑料大棚 | 剖面图 | 图集号 | TY-DP-002 |
| | | | 页　次 | 02 |

TY-DP-003   10m跨塑料大棚 II

1   基本特点

1.1   适用区域

该类型大棚适用于东北、黄淮海、西北、长江中下游、华南、西南地区。在室外最低气温不低于0℃的地区，用于蔬菜周年生产。在其他地区，用于蔬菜春提前、秋延后生产。

1.2   主体参数

大棚宜南北走向，跨度10.0m，长度宜为40.0 ～ 80.0m，脊高不宜低于4.5m，距离两侧底脚中心0.5m处的室内净高不宜低于1.8m。

1.3   生产性能

室外夜间平均气温不低于5℃时，室内无加温条件下果菜类蔬菜生产无冻害发生；室外夜间平均气温不低于0℃时，室内无加温条件下叶菜类蔬菜生产无冻害发生。

2   温室方案

2.1   结构形式

拱架宜采用单拱热镀锌椭圆管，壁厚不小于2.0mm。风雪荷载较大地区，拱架壁厚应适当加大，宜增设加强横拉杆和斜撑，宜采用热镀锌圆管，规格不宜小于$\phi32 \times 1.5mm$。作物吊挂荷载不宜作用于温室主体结构上。屋面纵向系杆宜采用热镀锌圆管，规格不低于$\phi20mm \times 1.5mm$，不宜少于5道。骨架镀锌层不应低于200g/m²。主体结构应按照《农业温室结构荷载规范》（GB/T 51183）进行荷载取值，并根据《农业温室结构设计标准》（GB/T 51424）进行结构计算，设计使用年限不低于10年。

2.2   覆盖做法

选用防流滴长寿PO、PE或EVA塑料薄膜作为屋面透光覆盖材料，以专用卡簧卡槽固定。

2.3   基础做法

根据土质及地下水位情况，宜采用预制混凝土柱独立基础或螺旋桩基础。在土质坚硬地区，可采用将骨架柱脚埋置于土壤中再夯实土壤地基的做法，入土深度不宜低于0.6m。在风荷载较大地区，入土深度应视情况加深，或者采用混凝土独立基础或条形基础。

2.4 施工要点

拱架宜在工厂加工成型，拱架、纵向系杆、斜撑杆等所有钢构件之间采用专用热镀锌连接件装配式固定。局部不得不采用现场焊接时，应做好有效防锈处理。

3 装备方案

3.1 卷膜通风系统

宜在大棚两侧靠近底脚处设置通风口，宽度宜为1.0～1.5m。下沿距离底脚的高度宜为0.3～0.5m，宜配置手自一体化卷膜器。在夏季高温高湿地区，宜同时在屋脊两侧各设置一道上通风口，宽度宜为1.0m，宜配置电动卷膜器。所有通风口均安装防虫网。可结合智能放风控制系统，实现依据室内温度自动放风。

3.2 保温系统

根据生产需要，可配置内保温系统。

3.3 水肥灌溉设备

根据栽培方式和种植面积，合理选择施肥注入泵、比例施肥器、单通道施肥机等水肥一体化设备。灌溉方式可选择地面滴灌或吊挂微喷。

3.4 环境监测设备

根据生产管理需求，棚内可安装空气温度、空气相对湿度、光照等环境信息监测设备。

3.5 生产作业装备

根据生产和管理需要，可配置电动轻简化运输车、耕整地一体机、便携式植保设备等。

10m跨塑料大棚Ⅱ

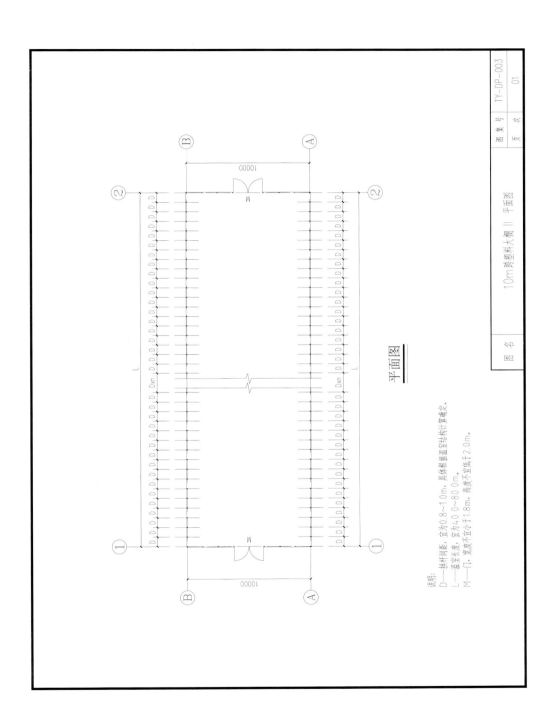

平面图

说明:
D——拱杆间距,宜为0.8~1.0m,具体根据温室整空结构计算确定。
L——温室长度,宜为40.0~80.0m。
M——门,宽度不宜小于1.8m,高度不宜低于2.0m。

图 名	10m跨塑料大棚Ⅱ 平面图
图 集 号	TY-DP-003
页 次	01

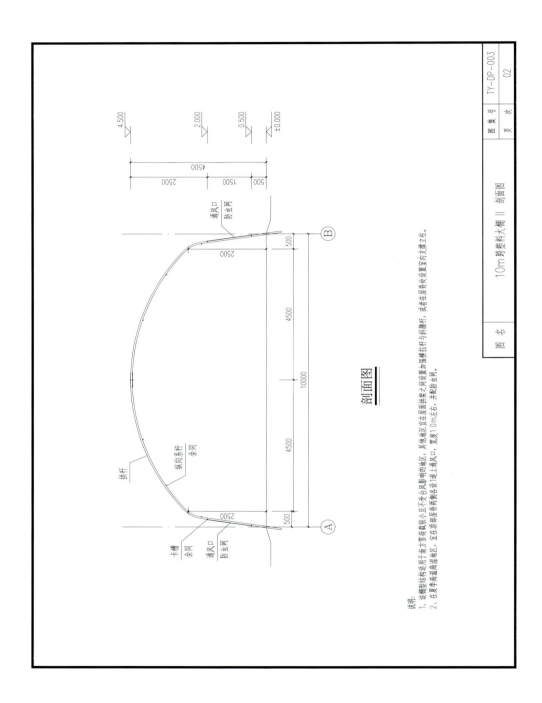

剖面图

说明：
1、该棚型结构适用于南方冬春积雪较小且不受台风影响的地区，其他地区宜在屋面拱架之间设置加强横立杆与斜撑杆，或者在屋面设置室内支撑立柱。
2、在夏季高温高湿地区，宜在顶部屋脊两侧各设1道上通风口，宽度1.0m左右，并敷防虫网。

图名	10m跨塑料大棚Ⅱ 剖面图
图集号	TY-DP-003
页次	02

TY-LDDP-001　8m跨圆拱型连栋塑料大棚

1　基本特点

1.1　适用区域

该类型温室适用于黄淮海、长江中下游、华南、西南地区及西北地区北纬42°以南区域，主要用于叶菜类蔬菜越冬生产或果菜类蔬菜春提早、秋延后生产，也可用于种苗繁育。

1.2　主体参数

温室跨度8.0m，开间4.0m，肩高不宜低于3.0m，脊高不宜低于4.5m，部分地区可适当加高屋脊高度以利屋面排水和通风排湿，外遮阳立柱高2.5m，温室总高度不宜低于5.5m。

1.3　生产性能

在室外最低气温不低于0℃时，室内无加温措施条件下可进行叶菜类蔬菜越冬生产，配置辅助加温措施条件下可进行蔬菜育苗。在室外最低气温不低于5℃时，室内无加温措施条件下可进行果菜类蔬菜越冬生产。

2　温室方案

2.1　结构形式

圆拱形屋面连栋温室结构，天沟宜南北走向。立柱宜采用热浸镀锌矩形管，主立柱壁厚不宜小于2.5mm，其他立柱壁厚不宜小于2.0mm。天沟厚壁不宜小于2.0mm。屋面拱架宜采用主副拱形式，主拱架间距同开间，宜采用热浸镀锌矩形管或热镀锌圆管，壁厚不小于2.0mm；副拱架间距不宜大于1.0m，宜采用热镀锌圆管，壁厚不小于1.5mm；其他支撑杆件采用热镀锌圆管或矩形管，壁厚不小于1.5mm。屋面纵向系杆宜采用热镀锌圆管，规格不低于$\phi20mm \times 1.5mm$，布置间距不宜大于2.0m。钢结构镀锌层不宜低于275g/m²。主体结构应按照《农业温室结构荷载规范》（GB/T 51183）进行荷载取值，并根据《农业温室结构设计标准》（GB/T 51424）进行结构计算，材料正常使用寿命不应低于15年。

2.2　覆盖做法

顶部屋面和四周立面均采用防流滴长寿塑料薄膜覆盖，正常使用寿命不应低于3年，以专用卡簧卡槽固定。

2.3　基础做法

根据土质及地下水位情况，宜采用现浇钢筋混凝土柱独立基础或其他类型独立基础，基础埋深宜大于冻土层深度且不宜低于0.5m。

2.4 施工要点

主体骨架、纵向系杆、斜撑杆等钢构件之间采用专用热镀锌连接件装配式固定，立柱和基础预埋件之间可以采用焊接，所有焊接点须进行防锈处理。

3 装备方案

3.1 外遮阳系统

配置齿轮齿条式或钢索拉幕式电动外遮阳系统，幕布遮阳率不宜低于55%。

3.2 卷膜通风系统

宜在拱顶屋脊两侧各设一道上通风口，宽度宜为1.0 ～ 1.5m，宜配置电动卷膜器，或采用屋脊蝶式连续电动开窗。四周立面或东西侧立面各设一道侧通风口，宽度不宜小于1.5m，宜配置手自一体化卷膜器。在夏季高温高湿地区，侧通风口宽度可加宽至2.0m。所有通风口均安装防虫网。可结合智能放风控制系统，实现依据室内温度自动放风。

3.3 湿帘－风机降温系统

根据蔬菜作物特性和生产需要，配置湿帘－风机强制通风降温系统。湿帘宜安装于温室北墙，厚度不宜小于100mm，高度宜为1.5 ～ 2.0m；轴流风机宜对应安装于温室南墙，湿帘和风机外侧冬季应进行保温密封。风机侧与湿帘侧的距离不宜超过48.0m，在夏季高温高湿地区，风机侧与湿帘侧的距离不宜超过40.0m。有条件的地区可配置高压弥雾系统，增强蒸发降温效果。

3.4 内保温系统

棚内可配置齿轮齿条式或钢索拉幕式内保温系统。保温幕主芯材宜选择保温性和耐久性良好的无纺布或喷胶棉；面层可选隔气防水性好、抗老化性能强的牛津布或涤纶布，也可选择具有较高反射率的铝箔膜、镀铝膜或混铝膜（银灰色膜）等材料。

3.5 水肥灌溉系统

根据栽培方式和种植面积，合理选择比例施肥器、单通道施肥机或多通道施肥机等水肥一体化设备。

3.6 环境智能监测系统

结合管理需求，棚内可安装空气温度、空气相对湿度、光照、CO_2浓度、土壤温度、土壤含水率等多因子环境信息智慧感知设备。

3.7 环境控制系统

配置环境控制柜，实现对外遮阳、内保温、湿帘风机、卷膜通风、灌溉等系统进行控制，宜具备手动和自动控制功能。

8m跨圆拱型连栋塑料大棚

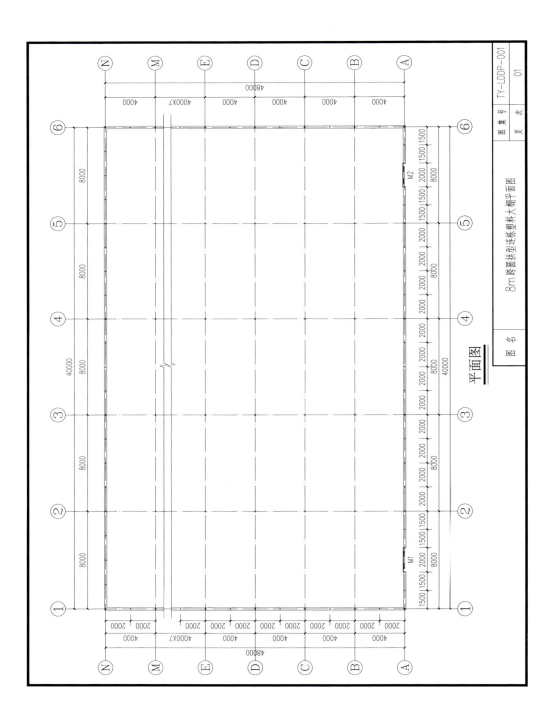

平面图

8m跨圆拱型连栋塑料大棚平面图

图名

图集号 TY-LDDP-001

页 次 01

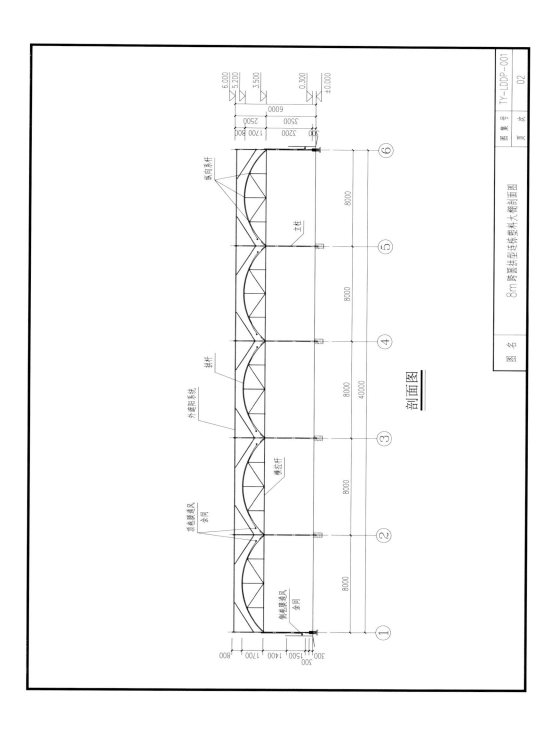

剖面图

8m跨圆拱型连栋塑料大棚剖面图

图名

图集号 TY-LDDP-001

页次 02

TY-BWDP-001　20m跨对称式大跨度外保温塑料大棚

1　基本特点

1.1　适用区域

该类型大棚适于北纬32°～38°、室外最低气温不低于−20℃的地区，主要用于蔬菜生产。

1.2　主体参数

大棚宜南北走向，跨度20.0m，脊高6.0m左右，距离两侧底脚0.5m处的室内净高宜为1.5～1.8m。

1.3　生产性能

冬季室外最低气温不低于−20℃时，室内无加温措施条件下可进行叶菜类蔬菜越冬生产；冬季室外最低气温不低于−10℃时，室内无加温措施条件下可进行果菜类蔬菜越冬生产。

2　温室方案

2.1　结构形式

主体骨架为对称拱形屋架结构，可采用热镀锌椭圆管，壁厚不小于2.0mm；也可采用热镀锌圆管上下弦桁架结构，壁厚上弦不小于2.0mm、下弦不小于1.5mm。棚内屋脊处每间隔2榀拱架设一道支撑立柱和斜撑，可采用热镀锌矩形管或圆管，壁厚不小于2.5mm。屋面纵向系杆宜采用热镀锌圆管，规格不低于ϕ20mm×1.5mm，布置间距不宜大于2.0m。骨架镀锌层不应低于200g/m²。主体结构应按照《农业温室结构荷载规范》（GB/T 51183）进行荷载取值，并根据《农业温室结构设计标准》（GB/T 51424）进行结构计算，设计使用年限不低于10年。

2.2　覆盖做法

屋面透光覆盖材料选用防流滴长寿PO、PE或EVA塑料薄膜，正常使用寿命不应低于3年，以专用卡簧卡槽固定。两端山墙可在钢骨架外侧固定覆盖硬质保温材料，也可在骨架内外两侧分别固定覆盖柔性保温材料，材料热阻不宜小于2.0 m²·K/W。

2.3　基础做法

根据土质及地下水位情况，大棚四周宜采用螺旋桩基础、砖砌或现浇钢筋混凝土条形基础，埋深宜大于冻土层深度且不宜低于0.5m。基础外侧采用挤塑聚苯乙烯泡沫板（密度不宜小于20kg/m³）或其他保温材料作为防寒保温层，埋深超过冻土层。棚内立柱宜采用独立基础。

2.4 施工要点

主体骨架应在工厂加工成型，拱架、立柱、纵向系杆、斜撑杆等钢构件之间宜采用专用热镀锌连接件装配式固定，骨架和基础预埋件之间可采用现场焊接。所有现场焊接点应做好有效防锈处理。

3 装备方案

3.1 外保温系统

两侧棚面各设一套外保温系统。根据温室长度，一般选择中置自走式卷被电机，宜配置行程（限位）开关实现卷被电机自锁。保温被宜选用面料抗老化、不吸水材料，厚度不宜小于3cm，热阻不宜小于$1.0 \ m^2 \cdot K/W$。

3.2 卷膜通风系统

宜在两侧棚面靠近脊部及两侧靠近底脚处各设置一道通风口，宽度宜为1.0～1.5m。上风口上沿与棚脊的距离宜为1.0～1.5m，下风口下沿与底脚的距离宜为0.4～0.6m，上下风口均安装防虫网。宜在上段膜及上风口下安装防兜水硬质塑料网或热镀锌钢丝网。上风口宜采用电动卷膜器，下风口宜采用手自一体化卷膜器。可结合智能放风控制系统，实现依据室内温度自动放风。

3.3 水肥灌溉系统

根据栽培方式和种植面积，合理选择施肥注入泵、比例施肥器、单通道施肥机或多通道施肥机等水肥一体化设备。灌溉方式可选择地面滴灌或吊挂微喷。

3.4 环境智能监测系统

根据生产管理需求，棚内可安装空气温度、空气相对湿度、光照等多因子环境信息智能感知设备。

3.5 物流运输装备

根据生产和管理需要，可配置电动轻简化运输车。

20m跨对称式大跨度外保温塑料大棚

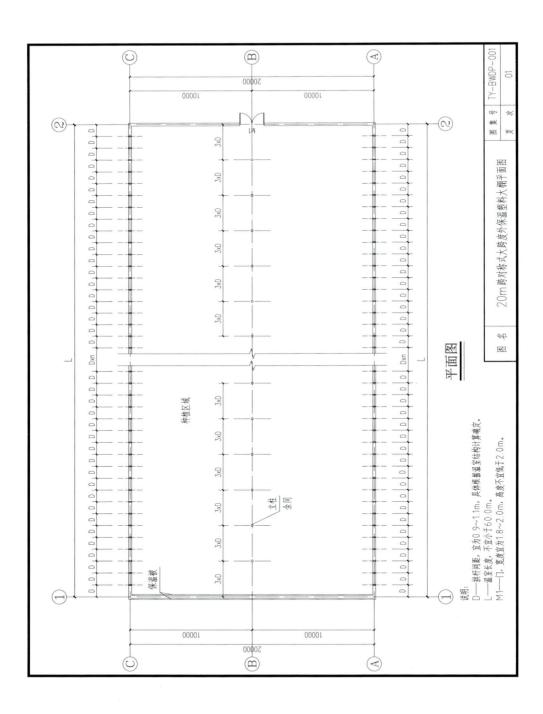

平面图

说明:
D——拱杆间距, 宜为0.9~1.1m, 具体根据温室结构计算确定。
L——温室长度, 不宜小于60.0m。
M1——门, 宽度宜为1.8~2.0m, 高度不宜低于2.0m。

图名	20m跨对称式大跨度外保温塑料大棚平面图	图集号	TY-BWDP-001
		页次	01

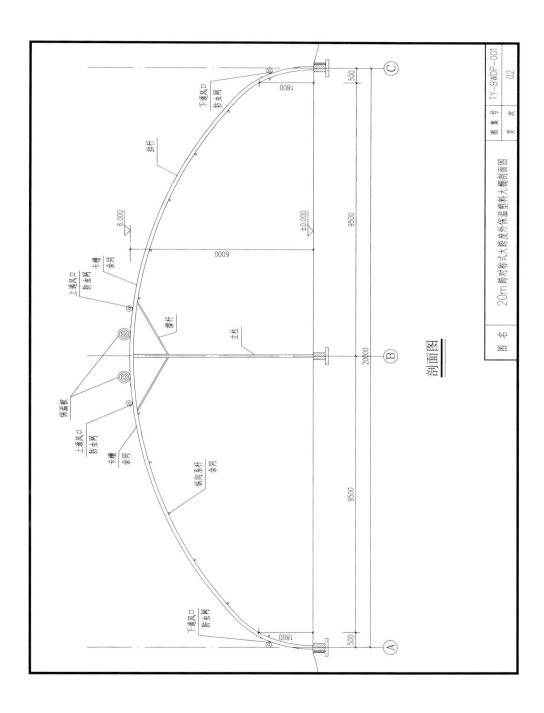

剖面图

图 名	20m跨对称式大跨度外保温塑料大棚剖面图
图 集 号	TY-BWDP-001
页 次	02

153

TY-BWDP-002 24m跨对称式大跨度外保温塑料大棚

1 基本特点

1.1 适用区域

该类型大棚适于北纬32°～38°、室外最低气温不低于−20℃的地区，主要用于蔬菜生产。

1.2 主体参数

大棚宜南北走向，跨度24.0m，脊高7.0m左右，距离两侧底脚0.5m处的室内净高宜为1.5～1.8m。

1.3 生产性能

冬季室外最低气温不低于−20℃时，室内无加温措施条件下可进行叶菜类蔬菜越冬生产；冬季室外最低气温不低于−10℃时，室内无加温措施条件下可进行果菜类蔬菜越冬生产。

2 温室方案

2.1 结构形式

主体骨架为对称拱形屋架结构，可采用热镀锌椭圆管，壁厚不小于2.0mm；也可采用热镀锌圆管上下弦桁架结构，壁厚上弦不小于2.0mm、下弦不小于1.5mm。棚内每间隔2榀拱架以棚脊为中心对称设置一道支撑立柱和斜撑，可采用热镀锌矩形管或圆管，壁厚不小于2.5mm。棚面纵向系杆宜采用热镀锌圆管，规格不低于ϕ20mm×1.5mm，布置间距不宜大于2.0m。骨架镀锌层不应低于200g/m²。主体结构应按照《农业温室结构荷载规范》（GB/T 51183）进行荷载取值，并根据《农业温室结构设计标准》（GB/T 51424）进行结构计算，材料正常使用年限不低于10年。

2.2 覆盖做法

屋面透光覆盖材料选用防流滴长寿PO、PE或EVA塑料薄膜，正常使用寿命不应低于3年，以专用卡簧卡槽固定。两端山墙可在钢骨架外侧固定覆盖硬质保温材料，也可在骨架内外两侧分别固定覆盖柔性保温材料，材料热阻不宜小于2.0 m²·K/W。

2.3 基础做法

根据土质及地下水位情况，大棚四周宜采用螺旋桩基础、砖砌或现浇钢筋混凝土条形基础，埋深宜大于冻土层深度且不宜低于0.5m。基础外侧采用挤塑聚苯乙烯泡沫板（密度不宜小于20kg/m³）或其他保温材料作为防寒保温层，埋深超过冻土层。棚内立柱宜采用独立基础。

2.4 施工要点

主体骨架应在工厂加工成型，拱架、立柱、纵向系杆、斜撑杆等钢构件之间宜采用专用热镀锌连接件装配式固定，骨架和基础预埋件之间可采用现场焊接，所有现场焊接点应做好有效防锈处理。

3 装备方案

3.1 外保温系统

两侧棚面各设一套外保温系统。根据温室长度，一般选择中置自走式卷被电机，宜配置行程（限位）开关实现卷被电机自锁。保温被宜选用面料抗老化、不吸水材料，厚度不宜小于3cm，热阻不宜小于$1.0\ m^2 \cdot K/W$。

3.2 卷膜通风系统

宜在两侧棚面靠近脊部及两侧靠近底脚处各设置一道通风口，宽度宜为1.0～1.5m。上风口上沿与屋脊的距离宜为1.0～1.5m，下风口下沿与底脚的距离宜为0.4～0.6m。上下风口均安装防虫网。宜在上段膜及上风口下安装防兜水硬质塑料网或热镀锌钢丝网。上风口宜采用电动卷膜器，下风口宜采用手自一体化卷膜器。可结合智能放风控制系统，实现依据室内温度自动放风。

3.3 水肥灌溉系统

根据栽培方式和种植面积，合理选择施肥注入泵、比例施肥器、单通道施肥机或多通道施肥机等水肥一体化设备。灌溉方式可选择地面滴灌或吊挂微喷。

3.4 环境智能监测系统

根据生产管理需求，棚内可安装空气温度、空气相对湿度、光照等多因子环境信息智能感知设备。

3.5 物流运输装备

根据生产和管理需要，可配置电动轻简化运输车。

24m跨对称式大跨度外保温塑料大棚

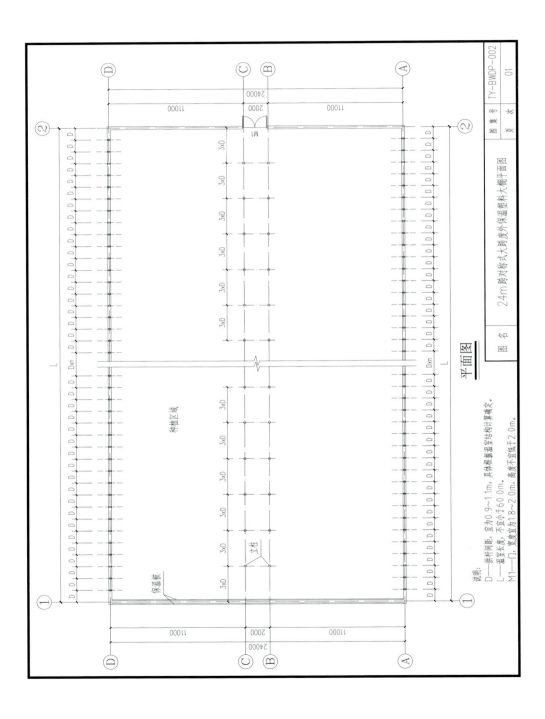

平面图

说明：
D——拱杆间距，宜为0.9～1.1m，具体根据温室结构计算确定。
L——温室长度，不宜小于60.0m。
M1——门，宽度宜为1.8～2.0m，高度不宜低于2.0m。

图集号 TY-BWDP-002

页 次 01

图 名 24m跨对称式大跨度外保温塑料大棚平面图

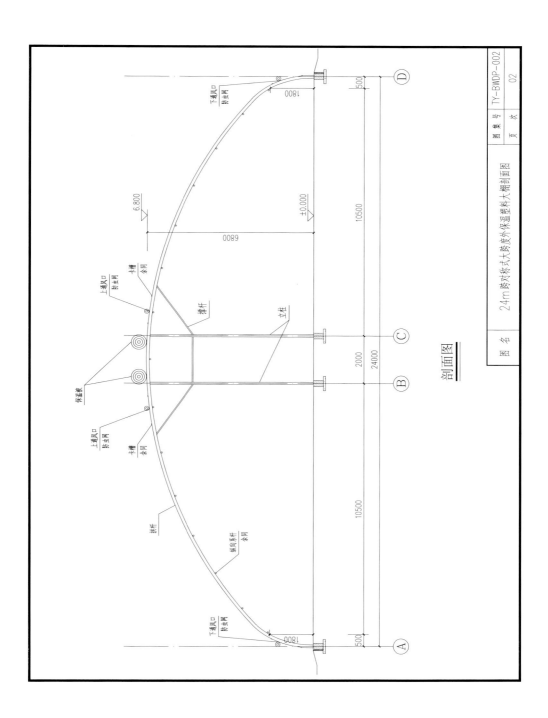

剖面图

TY-BWDP-003 18m跨非对称式大跨度外保温塑料大棚

1 基本特点

1.1 适用区域

该类型大棚适于北纬32°～38°、室外最低气温不低于−20℃的地区，主要用于蔬菜生产。

1.2 主体参数

大棚宜东西走向，跨度18.0m，脊高6.0m左右，脊部投影距南侧12.0m、北侧6.0m，距离两侧底脚0.5m处的室内净高宜为1.5～1.8m。

1.3 生产性能

冬季室外最低气温不低于−20℃时，室内无加温措施条件下可进行叶菜类蔬菜越冬生产；冬季室外最低气温不低于−10℃时，室内无加温措施条件下可进行果菜类蔬菜越冬生产。

2 温室方案

2.1 结构形式

主体骨架为南长北短非对称拱形屋架结构，可采用热镀锌椭圆管或热镀锌圆管上下弦桁架结构。椭圆管规格不宜小于75mm×30mm×2.0mm；桁架上弦规格不宜小于ϕ25mm×2.0mm，下弦可采用ϕ20mm×1.5mm圆管，腹杆可采用ϕ10～12mm圆钢或ϕ20mm×1.5mm圆管。棚内屋脊处每间隔2榀拱架设一道支撑立柱，可采用热镀锌矩形管或圆管，壁厚不小于2.5mm。屋面纵向系杆宜采用热镀锌圆管，规格不低于ϕ20mm×1.5mm，布置间距不宜大于2.0m。骨架镀锌层不应低于200g/m²。主体结构应按照《农业温室结构荷载规范》（GB/T 51183）进行荷载取值，并根据《农业温室结构设计标准》（GB/T 51424）进行结构计算，设计使用年限不低于10年。

2.2 覆盖做法

屋面透光覆盖材料选用防流滴长寿PO、PE或EVA塑料薄膜，正常使用寿命不应低于3年，以专用卡簧卡槽固定。两端山墙可在钢骨架外侧固定覆盖硬质保温材料，也可在骨架内外两侧分别固定覆盖柔性保温材料，材料热阻不宜小于2.0 m²·K/W。

2.3 基础做法

根据土质及地下水位情况，大棚四周宜采用螺旋桩基础、砖砌或现浇钢筋混凝土条形基础，埋深宜大于冻土层深度且不宜低于0.5m，基础外侧采用挤塑聚苯乙烯泡沫板（密度不宜小于20kg/m³）或其他保温材料作为防寒保温层，埋深超过冻土层。棚内立柱宜采用独立基础。

2.4　施工要点

主体骨架应在工厂加工成型，拱架、立柱、纵向系杆、斜撑杆等钢构件之间宜采用专用热镀锌连接件装配式固定。骨架和基础预埋件之间可以采用现场焊接，所有现场焊接点应做好有效防锈处理。

3　装备方案

3.1　外保温系统

两侧棚面各设一套外保温系统。根据温室长度，一般选择中置自走式卷被电机，宜配置行程（限位）开关实现卷被电机自锁。保温被宜选用面料抗老化、不吸水材料，厚度不宜小于3cm，热阻不宜小于$1.0\ m^2 \cdot K/W$。冬季寒冷地区北侧保温被宜适当加厚。北侧屋面自底脚往上做一道弧长3.0m的固定式保温被。

3.2　卷膜通风系统

宜在两侧棚面靠近脊部及南侧靠近底脚处各设置一道通风口，宽度宜为1.0～1.5m。上风口上沿与屋脊的距离宜为1.0～1.5m，下风口下沿与底脚的距离宜为0.4～0.6m，上下风口均安装防虫网。宜在上段膜及上风口下安装防兜水硬质塑料网或热镀锌钢丝网。上风口宜采用电动卷膜器，下风口宜采用手自一体化卷膜器。可结合智能放风控制系统，实现依据室内温度自动放风。

3.3　水肥灌溉系统

根据栽培方式和种植面积，合理选择施肥注入泵、比例施肥器、单通道施肥机或多通道施肥机等水肥一体化设备。灌溉方式可选择地面滴灌或吊挂微喷。

3.4　环境智能监测系统

根据生产管理需求，棚内可安装空气温度、空气相对湿度、光照等多因子环境信息智能感知设备。

3.5　物流运输装备

根据生产和管理需要，可配置电动轻简化运输车。

18m跨非对称式大跨度外保温塑料大棚

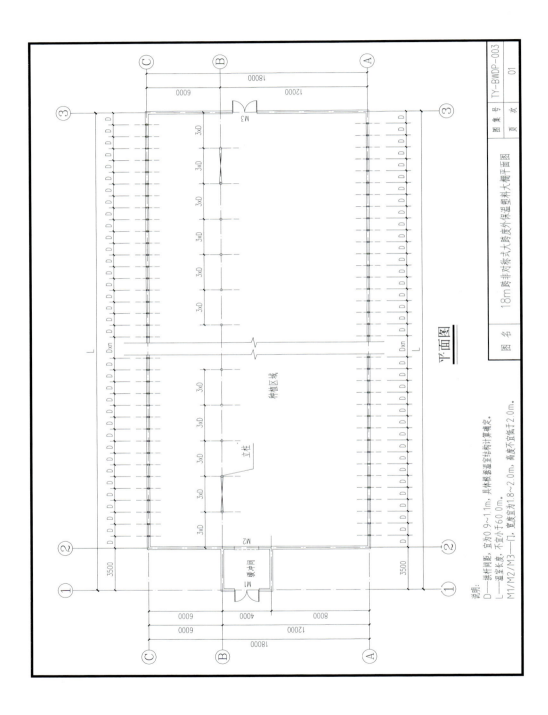

平面图

说明：
D——拱杆间距，宜为0.9~1.1m，具体根据温室结构计算确定。
L——温室长度，不宜小于60.0m。
M1/M2/M3——门，宽度宜为1.8~2.0m，高度不宜低于2.0m。

图集号 TY-BWDP-003
页 次 01

图 名 18m跨非对称式大跨度外保温塑料大棚平面图

160

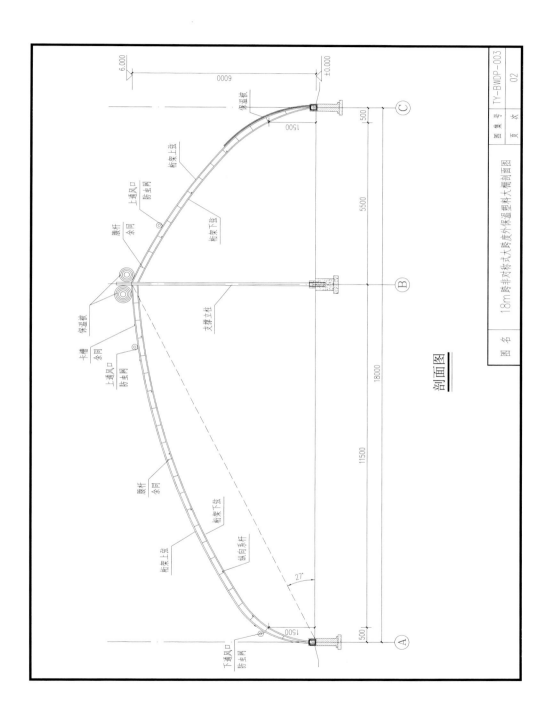

剖面图

图 名	18m跨非对称式大跨度外保温型塑料大棚剖面图	图集号	TY-BWDP-003
		页 次	02

TY-BWDP-004　20m跨非对称式大跨度外保温塑料大棚

1　基本特点

1.1　适用区域

该类型大棚适于北纬32°～38°、室外最低气温不低于−20℃的地区，主要用于蔬菜生产。

1.2　主体参数

温室宜东西走向，跨度20.0m，脊高6.0m左右，脊部投影距南侧12.0m、北侧8.0m，距离两侧底脚0.5m处的室内净高宜为1.5～1.8m。

1.3　生产性能

冬季室外最低气温不低于−20℃时，室内无加温措施条件下可进行叶菜类蔬菜越冬生产；冬季室外最低气温不低于−10℃时，室内无加温措施条件下可进行果菜类蔬菜越冬生产。

2　温室方案

2.1　结构形式

主体骨架为南长北短非对称拱形屋架结构，可采用热镀锌椭圆管或热镀锌圆管上下弦桁架结构。椭圆管规格不宜小于75mm×30mm×2.0mm；桁架上弦规格不宜小于ϕ25mm×2.0mm，下弦可采用ϕ20mm×1.5mm圆管，腹杆可采用ϕ10～12mm圆钢或ϕ20mm×1.5mm圆管。棚内屋脊处每间隔2榀拱架设一道支撑立柱，可采用热镀锌矩形管或圆管，壁厚不小于2.5mm。棚面纵向系杆宜采用热镀锌圆管，规格不低于ϕ20mm×1.5mm，布置间距不宜大于2.0m。骨架镀锌层不应低于200g/m²。主体结构应按照《农业温室结构荷载规范》（GB/T 51183）进行荷载取值，并根据《农业温室结构设计标准》（GB/T 51424）进行结构计算，设计使用年限不低于10年。

2.2　覆盖做法

屋面透光覆盖材料选用防流滴长寿PO、PE或EVA塑料薄膜，正常使用寿命不低于3年，以专用卡簧卡槽固定。两端山墙可在钢骨架外侧固定覆盖硬质保温材料，也可在骨架内外两侧分别固定覆盖柔性保温材料，材料热阻不宜小于2.0 m²·K/W。

2.3　基础做法

根据土质及地下水位情况，大棚四周宜采用螺旋桩基础、砖砌或现浇钢筋混凝土条形基础，埋深宜大于冻土层深度且不宜低于0.5m。基础外侧采用挤塑聚苯乙烯泡沫板（密度不宜小于20kg/m³）或其他保温材料作为防寒保温层，埋深超过冻土层。棚内立柱宜采用独立基础。

2.4 施工要点

主体骨架应在工厂加工成型，拱架、立柱、纵向系杆、斜撑杆等钢构件之间宜采用专用热镀锌连接件装配式固定。骨架和基础预埋件之间可采用现场焊接，所有现场焊接点应做好有效防锈处理。

3 装备方案

3.1 外保温系统

两侧棚面各设一套外保温系统。根据温室长度，一般选择中置自走式卷被电机，宜配置行程（限位）开关实现卷被电机自锁。保温被宜选用面料抗老化、不吸水材料，厚度不宜小于3cm，热阻不宜小于$1.0\ \mathrm{m^2 \cdot K/W}$。冬季寒冷地区北侧保温被宜适当加厚。北侧屋面自底脚往上做一道弧长3.0m的固定式保温被。

3.2 卷膜通风系统

宜在两侧棚面靠近脊部和南侧靠近底脚处各设置一道通风口，宽度宜为1.0～1.5m。上风口上沿与屋脊的距离宜为1.0～1.5m，下风口下沿与底脚的距离宜为0.4～0.6m，上下风口均安装防虫网。宜在上段膜及上风口下安装防兜水硬质塑料网或热镀锌钢丝网。上风口宜采用电动卷膜器，下风口宜采用手自一体化卷膜器。可结合智能放风控制系统，实现依据室内温度自动放风。

3.3 水肥灌溉系统

根据栽培方式和种植面积，合理选择施肥注入泵、比例施肥器、单通道施肥机或多通道施肥机等水肥一体化设备。灌溉方式可选择地面滴灌或吊挂微喷。

3.4 环境智能监测系统

根据生产管理需求，棚内可安装空气温度、空气相对湿度、光照等多因子环境信息智能感知设备。

3.5 物流运输装备

根据生产和管理需要，可配置电动轻简化运输车。

20m跨非对称式大跨度外保温塑料大棚

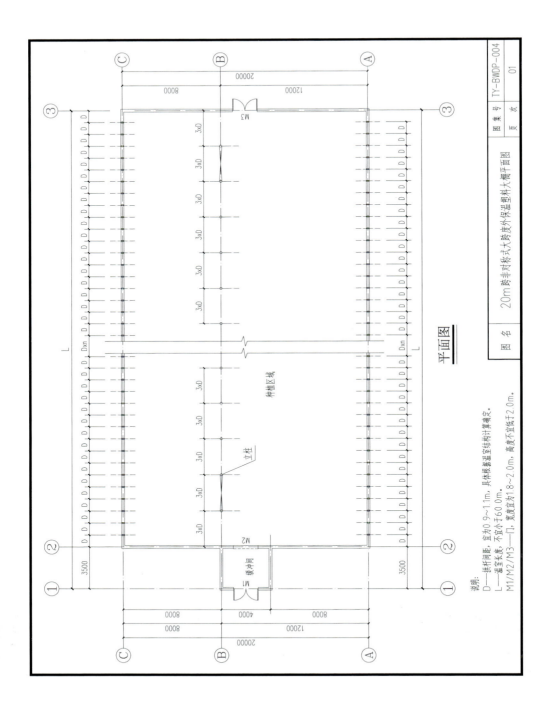

平面图

说明：
D——拉杆间距，宜为0.9~1.1m，具体应根据温室结构计算确定。
L——温室长度，不宜小于60.0m。
M1/M2/M3——门，宽宜为1.8~2.0m，高度不宜低于2.0m。

图 名	20m跨非对称式大跨度外保温塑料大棚平面图	图 集 号	TY-BWDP-004
		页 次	01

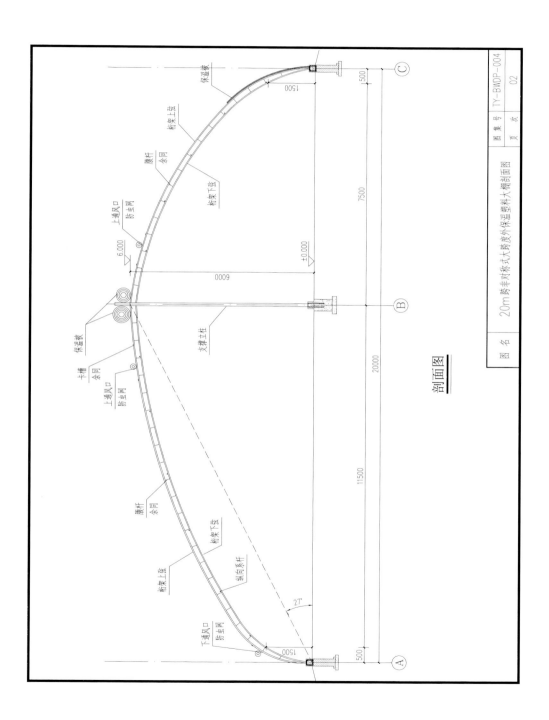

剖面图

| 图 名 | 20m跨非对称式大跨度外保温型塑料大棚剖面图 | | 图 集 号 | TY-BWDP-004 |
| | | | 页 次 | 02 |

全国设施蔬菜
主推棚型结构与工艺技术图册
Quanguo Sheshi Shucai
Zhutui Pengxing Jiegou yu Gongyi Jishu Tuce

九
老旧设施
改造提升

针对现有存量设施，从骨架结构安全性、围护结构蓄热保温性、宜机化作业程度、调控设备配置、土地利用效率等多个维度构建温室改造判定标准，结合种植需求明确改造后设施性能要求，科学确定存量设施改造提升重点，分类提出老旧设施改造提升典型工艺做法。

（一）老旧设施判定标准

老旧设施是指使用年限达到设计使用年限或其结构、环境不能满足生产要求的温室设施。对于使用年限达到设计使用年限的，通常可以直接认定为老旧设施。具体生产实践中，可从使用年限、结构安全性、使用性能三个方面判定是否为老旧设施。

1. 使用年限

根据《农业温室结构荷载规范》（GB/T 51183—2016），原则上日光温室投入使用10年以上、钢架塑料大棚投入使用10年以上、连栋塑料大棚投入使用15年以上，可以认定为老旧设施。如出现主要围护结构破损、重要支撑结构锈蚀变形等情况，已不能满足正常生产需求或存在安全隐患，就需要进行改造或翻建。

2. 结构安全性

结构安全性是判断老旧设施的一项重要指标。日光温室、塑料大棚等农业设施在长时间使用或超出使用年限后，由于外部环境影响及自身材料性能的影响，主体结构已出现功能衰退问题，从而导致设施结构安全性下降或不再满足使用要求。图9-1所示为温室结构面临的常见安全问题。

设施结构安全性通过以下两种方法进行判定分析：

（1）直接判定法

骨架：①竹木骨架腐朽严重；②钢骨架（含节点）严重锈蚀；③立柱存在明显的侧向弯曲变形，对结构整体安全性构成严重影响等。

墙体：日光温室墙体明显侧倾，局部或整体坍塌、粉化。

地基：地基明显沉降、滑移，致上部结构受损。

（2）综合分析法

①收集老旧设施的原始资料，进行现场勘查、检测；

②开展结构安全性验算，通常包括墙体稳定性、骨架变形与强度验算等。

一般采用两步判别法进行结构安全性判定分析，即直接判别法无法准确做出判定的，进一步采用综合分析法，最终确定温室结构安全性。

墙体粉化

墙体粉化、坍塌

节点锈蚀

钢结构锈蚀、弯曲

简易老旧温室

骨架腐朽

图9-1　结构安全问题

3. 使用性能

（1）**宜机化程度**　老旧设施普遍存在结构空间狭小、宜机化程度低等问题，温室生产性能没有得到最大程度发挥，制约了单产水平和土地利用效率的进一步提升，并导致劳动作业强度大。

从温室使用性能方面，室内作业空间与生产管理不能满足机械化操作要求，如跨度6～7m、脊高低于2.5m的日光温室；跨度小于8m、门洞宽度小于1m的塑料大棚；缺少电动卷膜、电动卷被的设施等，都为老旧设施。图9-2所示为部分温室空间小及设施陈旧。

（2）**光温环境**　光照与温度是影响设施内作物生长发育的两大核心要素。适宜的光照强度和光质分布可以提高作物的光合作用效率，促进作物的生长发育和产量增加；光照强度不足和光质分布不佳会影响作物的生长发育，导致作物长势不良、形态异常、产量降低。同时，设施应尽可能使环境温度处在作物生长发育适温范围内，减少冬季低温及夏季高温对作物的不利影响。若设施的光温环境长期不能满足作物生长发育的要求，这类设施可归为老旧设施。

手动通风　　　　　　　门难进　　　　　　　立柱太多

图9-2　空间小及设施陈旧温室

（二）改造提升路径

1.原址拆除重建

不具有改造价值（如腐朽竹木骨架、严重锈蚀钢架、墙体大范围坍塌等）或改造成本明显超过新建设施的，优先推荐拆除老旧设施，原址新建宜机化程度高、环境调控能力强的新设施。

2.结构加固与性能提升

（1）结构加固　　具有加固改造价值且改造成本低于或等同于新建设施的，可以老旧设施综合分析法评定结果为参考依据，开展结构加固、危害处治。

骨架：轻度锈蚀的，可除锈防锈；承载力不足的，可加固补强或采用直接局部更换等技术提升老旧设施的结构安全性。

墙体：稳定性不满足要求的，可以通过增设扶壁柱等方法加固；整体性不好的，可增设圈梁、构造柱；局压不足的，采用加梁垫的方法，或采用加圈梁的方法；也可直接将老旧墙体作为蓄热墙体使用，不再承担支撑及吊蔓荷载等作用。

基础：地基沉降稳定的，可以修补后继续使用；沉降仍继续发展的，宜拆除重建。

（2）性能提升

机械化：通过新增水肥一体化设备、电（自）动卷膜（被）设备、棚内生产运输车、遥控植保设备等提升老旧设施的机械化水平。

光温环境：根据地理纬度，合理调整日光温室前屋面采光角，推广长寿无滴膜，提高透光率，改善棚室光照条件；砖混墙体外侧新增保温板；具备应对极端灾害天气的有效手段（如大雪天气新增临时支柱、极端低温天气有临时加温设备等）。图9-3所示为改造后的宜机化棚室。

<table>
<tr><td>新增运输车轨道</td><td>宜机化大跨度拱棚</td></tr>
</table>

图9-3　宜机化棚室

（三）改造提升关键工艺

1. 墙体

（1）墙体修补　土质墙体以水蚀、风蚀危害为主，多体现为局部坍塌、有效厚度减少、粉化等，针对这种情况，室外侧通常可采用废弃薄膜、棉毡等覆盖，室内可采用麻刀灰压抹。非土墙以表面冻融剥蚀危害为主，通常可配合外保温工程一并处理。图9-4所示为日光温室墙体常遇到的问题。

<table>
<tr><td>表面抹灰剥落</td><td>土墙后坡坍塌</td><td>土墙坍塌</td></tr>
</table>

图9-4　日光温室墙体常见问题

（2）墙体外贴保温层　可通过在日光温室墙体（非土墙）外侧粘贴50～100mm厚保温板（也可采用增加蓄热体法），再用砂浆抹面，能显著提高既有设施的保温性能。该方法对新建、改造均适用。图9-5所示为日光温室墙体外贴保温板过程。

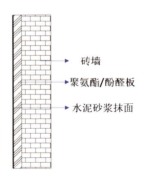

砖墙

聚氨酯/酚醛板

水泥砂浆抹面

图9-5　日光温室墙体外贴保温板

（3）墙体加高　原有日光温室墙体存续状态较好，改造过程中有增加后墙、山墙高度需求的，如增高后前后棚室不遮阴，可采用直接加高法或加高加厚法，提高老旧墙体高度，满足增大采光角的需要。图9-6、图9-7所示为日光温室土墙加高过程及土墙加高示意。

（4）墙体保留　针对老旧日光温室承载力难以满足荷载要求的墙体，可直接转化为蓄放热体（即保留墙体，但不再承担支撑及吊蔓荷载等作用），外套落地骨架并全覆盖高效保温被。图9-8所示为日光温室墙体保留式做法。

（5）墙体增设扶壁　针对高厚比超限或墙体外闪等稳定性不满足要求的墙体，可采用增设扶壁方法加固，扶壁可设置在温室内侧或外侧，优先设置在外侧（图9-9）。增设过程中，应做好扶壁的地基与基础，并采用增强扶壁与老旧墙体有效连接的措施。

图9-6　日光温室土墙加高技术

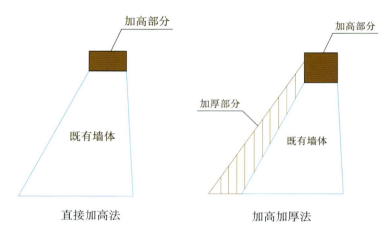

加高部分

既有墙体

直接加高法

加高部分

加厚部分

既有墙体

加高加厚法

图9-7   日光温室土墙加高技术示意

图9-8   日光温室墙体保留技术

图9-9   日光温室墙体外侧增设扶壁

2. 骨架

（1）**钢管套管加固法** 老旧设施的柱、拱架均以受压为主要受力特征，面临荷载增大、截面锈蚀削弱时，通常存在抗压承载力不足，有的又难以直接更换的状况，采用装配式外套管加固法加固，可有效提高被加固构件的轴向承载力，且可避免现场施焊。图9-10所示为钢管加固方法及采用钢管的棚体。

图9-10　钢管加固方法及加固棚室内部

（2）**增大截面法** 增大有效受力面积，提高构件的承载能力。桁架承载力不足，采用局部截面增大补强法，或采用增加可拆装内柱法等。

（3）**直接更换法** 可根据结构计算分析结果，选用椭圆管或桁架结构。

3. 地基与基础

基础及地基加固主要针对基础埋深不够和地基不稳的情况，采取加护脚的方法，护脚高不小于0.5m，宽不小于1.0m。地基出现沉降不稳定情况，则需要拆除重建。

（四）改造提升典型案例

1. 北京周庄蔬菜种植专业合作社生产基地

（1）**基地概况**　北京周庄蔬菜种植专业合作社成立于2011年，位于北京市房山区琉璃河镇周庄村，生产基地占地面积300亩，建有砖墙日光温室160栋，温室跨度10m、平均长度为68m，主要种植香芹、茼蒿、空心菜、小白菜等叶菜类蔬菜，平均生产蔬菜7～8茬/年，年产量达到2 000～2 500t。现为国家农民合作社示范社、北京市标准化生产基地（图9-11）。

（2）**存在的主要问题**　基地160栋日光温室已投入使用12年，设施老旧，温室墙体已出现下沉、开裂等现象，存在严重的安全隐患。同时，温室保温性能不佳，已导致作物产量下降，影响了农户的收入。

（3）**改造提升做法**　2023年，北京周庄蔬菜种植专业合作社通过北京市设施农业发展以奖代补项目，采取原址提升方式对基地160栋日光温室实施了老旧设施改造。具体改造提升工艺做法包括：

墙体加固并做外保温：北墙拆除陶粒砌块，修补墙面增加500mm高钢筋混凝土过梁，顶部增加一道纵向通长角钢。后坡屋面拆除水泥板，新做100mm厚玻璃棉夹心板压型钢板。北墙和山墙外贴60mm厚挤塑聚苯乙烯泡沫板，外侧墙面刷防水涂料，室内墙面抹灰。

屋面透光覆盖材料更换：前屋面采用0.15mm厚三层共挤PO膜覆盖。

外保温系统改造：采用中置电动自走式卷被系统，保温被由一层防水抗老化120g/m²PE布＋双层500g/m²花毡＋一层500g/m²太空棉＋一层500g/m²花毡＋一层500g/m²黑毡组成，每平方米重量不小于2.5kg。

通风改造：在前屋面顶部和底部各通长设置一道通风口，通风口宽度为1.4m，配防虫网，上通风口防虫网下部铺设土工格栅防顶膜兜水。上下通风口均采用电动卷膜器进行开启和关闭。

（4）**改造成效**　改造完成后的160栋（面积约159.7亩）日光温室，结构安全隐患得以消除，抵御风雪自然灾害的能力大大增强。温室保温性能得到显著提升，在室外最低气温−15℃（含）以上、晴天室内不加温时，室内24h平均气温在15℃以上的持续时间不小于4h，室内夜间气温低于5℃持续时间不大于1h且平均气温不低于6℃。此外，通过新增电动卷被和卷膜环境调控设备、水电基础设施配套改造，节省了劳动力，提高了园区生产效率。

改造前

改造后

图9-11　北京周庄蔬菜种植专业合作社生产基地

2. 江苏灌云县"菜篮子"工程芦蒿保供生产基地

（1）基地概况　灌云县"菜篮子"工程芦蒿保供生产基地（图9-12）位于江苏省连云港市灌云县西部岗岭地区乡村振兴示范区内，涉及龙苴镇石门村及南岗镇王范村、许相村、张兴村、马蹄村共2个镇5个行政村，总面积3.2万亩。该基地以发展芦蒿、番茄等日光温室设施蔬菜为主，形成芦蒿—番茄、芦蒿—芸豆轮作等高效种植模式。

（2）存在的主要问题

基础设施薄弱、生产水平低：在基础建设方面的投入少，沟渠路水电等基础条件薄弱，供水、供电能力不足。

日光温室设施老化，机械化程度低：园区大部分日光温室建于2010年前后，普遍存在棚体老化、棚体小、棚低矮、保温性能差、不利于机械化作业、安全隐患多等问题。

（3）改造提升做法　灌云县"菜篮子"工程芦蒿保供生产基地老旧设施改造

提升项目总投资6 469万元。项目着力解决"农机难进棚、设施经常修、作业靠人工、收成靠天气"的难题和制约因素，为实现设施蔬菜生产省力化、高效化、现代化目标，从路沟渠水电配套建设、棚型结构优化及水肥一体化配置等多个环节进行改（建）造。

路沟渠水电等基础设施宜机化合理配置：通过新建及改建温室，对基地进行土地整理，按照高标准农田建设要求，整除原有田埂、便道以减少杂草滋生空间。按照最高上限宽度3m建设机耕道，以利机械及田间转运车辆转弯进出。机耕道走向与大棚走向垂直，硬化后的机耕道路面与田面高度落差在10 ～ 15cm之间。

根据灌排分开的原则，按照日降水量100mm、雨停田干的要求设置排水沟渠，日光温室、大棚之间设小沟，棚头设大沟，沟沟相通，并设闸控制。做到每一个日光温室和大棚都能一头紧靠机耕道、一头紧靠排水沟。排水沟不设置在机耕道边上，以利农机进棚。

日光温室设施提高标准建设：基地改造提升和新建的日光温室、大棚按照以下建设标准执行：抗雪压不低于20cm、抗风压8 ～ 10级；温室东西走向，长度150m、跨度10m、顶高3.9m、后墙高3.0m；后墙墙体为水泥砖或红砖墙体，内外用沙灰抹平；立柱为5cm×10cm水泥柱，拱架为热镀锌钢管，棚膜、保温被、电动卷帘机、卷膜器等装备齐全。

（4）改造成效　改造完成后，基地面貌焕然一新。新建和改扩建日光温室和大棚277个、防渗渠2条、生产道路3 800m、电力灌溉站3座等，提升了基地生产条件及抗风险能力，确保了芦蒿等蔬菜的稳产、优产。原址改造提升后的日光温室生产性能得到大幅提升，芦蒿亩均增产260kg，番茄亩均增产400kg，土地利用率提高5%。配套建设保鲜库2 000m²、分拣包装中心2 000m²，建设智慧农业管理中心，提升基地信息化、机械化作业水平，进一步提高了农产品的附加值。

改造前

改造后

图9-12　江苏灌云县"菜篮子"工程芦蒿保供生产基地

3. 湖北荆门市团林镇双碑村设施蔬菜生产基地

（1）基地概况　湖北荆门市团林镇双碑村设施蔬菜生产基地（图9-13）占地2 000亩，由荆门市金旭农牧股份有限公司于2007年兴建，以绿色果菜种植、生态养殖为特色，采用"猪－沼－肥－菜"生态循环种植模式。露地蔬菜种植面积1 100亩，设施蔬菜种植面积700亩，以单栋塑料大棚为主，有少量连栋温室（15亩）和日光温室（15亩）。基地可实现黄瓜、辣椒、番茄、茄子、小南瓜等主要果菜的周年生产，年产蔬菜超过18 000t，年育各类蔬菜苗1 800万株。同时，建有标准化养猪示范基地100亩，有机肥厂50亩。该基地先后被评为湖北省现代蔬菜产业示范区、湖北省十大设施蔬菜示范基地。

（2）存在的主要问题　该基地蔬菜种植大棚以8m跨和12m跨单栋塑料大棚为主，建成使用年限已久，机械化操作空间不便，不能完全适应生产需要。大棚结构设施老化严重，土地利用率低，光照不足，棚内温度不稳定，湿度难以控制，导致蔬菜生长缓慢、亩产量不高、种植品类受限。

（3）改造提升做法

①拆除重建。对无改造价值的老旧设施大棚进行拆除重建，根据地形新建单体面积3～5亩的连栋塑料薄膜温室，建设内容具体包括温室基础、主体结构、覆盖材料、双层内保温系统、自动打药系统、电气及智能控制系统等。

②原址提升。对部分有改造价值的塑料大棚，在原址基础上进行更换钢架、塑料棚膜及墙体修补改造。

③完善配套。对园区主干道进行路面硬化及水渠改造。为连栋温室配备外遮阳系统、内遮阳内保温系统、通风降温系统、补光系统、水肥一体化喷灌系统和滴灌系统等，应用物联网集成技术实现通风、遮阳、用水、施药等自动控制。

（4）改造成效　改造后的连栋塑料薄膜温室具有室内作业空间大、使用寿命长、温光性能明显改善等特点，可实现蔬菜周年生产，提高了土地利用率和劳动生产率，实现增产增效。

①生产模式优化。改造后的蔬菜大棚单体面积3～5亩，内保温功能有利于早春蔬菜更早移栽，比普通大棚蔬菜提早20天上市，抢占早春高价位市场，6月10日前采收完毕。配置湿帘风机降温系统可以种植越夏蔬菜，在早春茬结束后迅速进行越夏蔬菜（黄瓜、速生蔬菜）生产，保证早春越夏无缝衔接，越夏茬蔬菜在9月15日前采收结束。秋茬以叶菜为主，12月15日左右结束，部分大棚休耕2个月左右。

②品质提升。利用先进的设施设备调控优化室内光照、温度、水肥灌溉等，提升了农产品的品质和食品安全保障。

③产量增加。改造提升后可实现对蔬菜生长光温水气肥进行科学调控，一年种植3茬，相比传统大棚一年种植2茬，每亩年产量提高3 500～5 000kg，年产值增加1万～1.5万元。

④资源节约。一是节约土地资源，小棚改大棚后土地利用率提高15%；二是节约水资源，采用喷灌系统和滴灌系统，减少用水量10%以上；三是节约人力资源，采用物联网技术后人力成本减少20%以上。

改造前

改造后

图9-13　湖北荆门市团林镇双碑村设施蔬菜生产基地

4. 甘肃酒泉肃州区总寨戈壁生态农业产业园

（1）**基地概况**　甘肃酒泉肃州区总寨戈壁生态农业产业园（图9-14）位于总寨镇沙河村往南2km的戈壁滩，始建于2009年，目前园区规模达到5 000亩。园区现有砖混、石砌墙、装配式日光温室共计1 304座，连栋玻璃温室3座共计21万 m^2，主要生产茄果类蔬菜，以两小茬或越冬一大茬的模式开展周年化生产，平均年产量4 550kg/亩，平均收入3万元/亩。

（2）**存在的主要问题**　随着温室种植年限的增加，园区内2016年以前修建的部分砖混及石砌墙结构温室的后屋面、钢架等逐渐老化，保温棉被破旧、吊蔓铁丝锈蚀、通风不畅等，致使温室保温性能变差，部分温室还存在后墙体开裂、移位等安全隐患，影响了园区蔬菜产能及农户收入。

（3）**改造提升做法**　2021年以来，依托设施蔬菜产业集群戈壁农业产业园日光温室提升改造及设施蔬菜标准化生产建设项目，对园区早期建设的273座破旧闲置日光温室，从墙体、钢拱架、后屋面、通风口等进行了修缮改造。

墙体改造提升：对后墙和山墙墙体进行加高、加固，使温室脊高达到4.2m，后墙高度达到2.2m，距离南侧底脚1.0m处的室内净高达到1.7m，山墙墙顶保持流线弧形，提升了温室垂直空间和宜机化作业性能。

钢拱架拆除换新：拆除原有拱架及附属物，安装热镀锌扁平椭圆管拱架，规格80mm×30mm×2.0mm，拱架间距1m；屋面共安装7道纵向系杆，规格为 ϕ20mm×1.5mm镀锌圆管；在后屋面钢架上每隔4m焊接一根竖向的防保温被过卷挡杆（高0.6m），整体提高结构安全性和温室使用寿命。

后屋面改造：拆除原后屋面并重新铺装，铺装材质从内向外依次为一层500g/m^2黑毡、150mm厚彩钢岩棉夹心板、一层保温棉被，采用螺栓固定在后屋面钢架上。彩钢岩棉夹心板间缝隙处用泡沫胶填充，增强后屋面保温隔热性能。

通风口改造：除设置上通风口之外，在前底角距底脚0.5m处增设1道下通风口，通风口宽1.0m，配防虫网。上下通风口均采用电动卷膜器，上通风口防虫网下铺设土工格栅防顶膜兜水，增强日光温室夏秋高温季节通风降温性能。

此外，整体对陈旧破烂、保温性能差的棉被进行了翻新加工和重新安装，对园区道路及园区环境进行了综合整治。

（4）**改造成效**　改造后，园区温室安全及保温性能得到大幅提升，主要用于茄果类蔬菜生产及蔬菜育苗，可实现越冬茬蔬菜全部安全越冬，改造后温室亩均产量提高10%左右，收入达到了全区平均水平，种植户反响较好。产业园入驻育苗合作社，在2021年前自有育苗设施面积5 400m²，年育苗能力500万株。2021年后通过购买园区石砌墙老旧日光温室进行原址改造提升后，使自有育苗设施面积增加到 19 000m²，年育苗能力达到 1 800 万株。同时，通过上半年育苗、下半年种植蔬菜的运营方式，改造温室的年收入达到了6.7万元/亩。老旧温室改造提升，不但有效恢复利用了闲置温室，还提升了园区产能，有利于进一步夯实产业发展基础。

改造前

改造后

图9-14　甘肃酒泉肃州区总寨戈壁生态农业产业园